Robots.
Una inmersión rápida

Una inmersión rápida es una colección dirigida por Ferran Requejo, catedrático de ciencia política en la Universidad Pompeu Fabra.

El estilo de la colección combina rigor y divulgación. Está orientada a todas aquellas personas que deseen introducirse o profundizar en temas actuales sobre ciencia, filosofía, humanidades y ciencias políticas y sociales.

Pablo Jiménez y Carme Torras

ROBOTS

Una inmersión rápida

Tibidabo Ediciones
Barcelona

Tibidabo Ediciones, SA – Tibidabo Publishing, Inc. Barcelona – New York

Tibidabo Ediciones, SA cuenta con oficina en Barcelona y en Nueva York a través de Tibidabo Publishing, Inc. En el mercado de habla castellana publica principalmente la colección *Una Inmersión Rápida* y en el mercado de habla inglesa *Quick Immersion Series*. También publica otras colecciones como *Actualidad* o *Topical Current Affairs Books*.

La colección *Una Inmersión Rápida* ganó el Premio LAUS 2020 de Bronce al diseño de cubiertas de libro o revista.

Robots. Una Inmersión Rápida
© Pablo Jiménez Schlegl y Carme Torras Genís

Derechos exclusivos de edición:
© Tibidabo Ediciones, SA
Calle Muntaner, 479
08021 Barcelona
Teléfono: +34 932 126 946
Correo electrónico: tibidabo@tibidaboediciones.com

Impreso en Gráficas Rey, Barcelona

Diseño de cubierta: Raimon Guirado
Maquetación: Joan Alonso
Traducción: Àlex Tomico
Revisión lingüística: Aliena Laorden

Colección: Una inmersión rápida
Director de la colección: Ferran Requejo (ferran.requejo@upf.edu)

Primera edición: Enero de 2026

ISBN: 979-13-87633-14-1
Depósito legal: B 954-2026

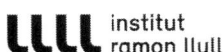

La traducció d'aquesta obra ha disposat d'un ajut de l'Institut Ramon Llull.
Traduït del català per Àlex Tomico.

Índice

Lista de ilustraciones

A) Tablas

Tabla 1. Algunos protorobots humanoides. Extraídos del sitio web Ciberneticzoo.com (ver comentario en *Lecturas recomendadas*) y Carper, 2019.

Tabla 2. Tipología de los brazos robot serie según su estructura.
© Pablo Jiménez Schlegl

Tabla 3. Tipos de programación de robots.
© Pablo Jiménez Schlegl

B) Figuras

Figura 1. Representaciones minimalistas de robots.
© Pablo Jiménez Schlegl

Figura 2. Karel Čapek, portada de la primera edición de R.U.R., y escena de una representación de la obra en la gira 1928-29 de la compañía Theatre Guild.
By unknown author, Photography of the Czech author Karel Čapek. *http://www.nndb.com/people/951/000113612/*, Public domain, via Wikimedia Commons, *https://commons.wikimedia.org/wiki/File:Karel-capek.jpg*.
By Unknown author - Karel Čapek: R.U.R.: Rosumovi Univerzální Roboti. Vydalo Aventinum, Prague 1920.via *answcdn.com*, Public Domain, *https://commons.wikimedia.org/w/index.php?curid=41704686*
Dominio público,*https://commons.wikimedia.org/w/index.php?curid=8442825*

Figura 3. Ciclo percibe-procesa-actúa.
© Pablo Jiménez Schlegl

Figura 4. El pato con aparato digestivo de Jacques de Vaucanson según ilustración del Scientific American de enero de 1899; el Organista y el Dibujante de Pierre Jaquet-Droz y su equipo, que se encuentran en el Museo de Arte e Historia de Neuchâtel.

By A. Konby - Internet Archive, Public Domain, *https://commons.wikimedia.org/w/index.php?curid=1493624*

By Gre regiment - Own work, CC BY-SA 4.0, https://commons.wikimedia.org/w/index.php?curid=135299958

By Gre regiment - Own work, CC BY-SA 4.0, https://commons.wikimedia.org/w/index.php?curid=135328331

Figura 5. El rabino Löw y el Gólem, en una ilustración de Mikoláš Aleš (1899); frontispicio de la edición de 1831 de *Frankenstein* de la editorial Colburn and Bentley, London; figura en madera que reproduce al famoso protagonista de *Las aventuras de Pinocho*.

By Mikoláš Aleš -
Dominio público, *https://commons.wikimedia.org/w/index.php?curid=2210897*

By Theodor M. Von Holst - Tate Britain. Private collection, Bath., Dominio público, *https://commons.wikimedia.org/w/index.php?curid=4940182*

© jay_kettle_williams/UNSPLASH.COM

Figura 6. Fotograma de *L'Uomo meccanico* (1921).

By The original uploader was Peplumfani at Finnish Wikipedia. - Transferred from fi.wikipedia to Commons., Public Domain, *https://commons.wikimedia.org/w/index.php?curid=48271070*

Figura 7. Cubierta de una típica revista popular de ciencia ficción (1952), donde el dibujante Earle Bergey ilustra la sumisión humana a los robots; otra ilustración de Earle Bergey muestra un amenazador robot nativo de un exoplaneta.

By Earle Bergey - Scanned cover of magazine, Public Domain, *https://commons.wikimedia.org/w/index.php?curid=9953136*

Figura 8. Un robot Unimate sirve bebidas a Joseph Engelberger y George Devol, hacia 1962.

Figura 9. El Guide-O-Matic de Arthur M. Barrett (1954); un AGV con sensores ópticos y su remolque.

Figura 10. El robot George desayunando con su creador William Richards en Berlín, 1930; reproducción del robot Elektro y su perro Sparko en el Senator John Heinz History Center, Pittsburgh, EUA.

Figura 11. El robot móvil *Tortuga* de William Grey Walter, hacia 1950; el robot Shakey del Stanford Research Institute (1972).

Figura 12. El robot Trallfa pintando una carretilla; un robot Unimate 500 PUMA en tres poses sucesivas, Ames Research Center, Mountain View, California.

Reproducción cortesía de TRALLFA, Noruega.

Figura 13. Modelo del astromóvil lunar soviético Lunokhod 1 en el Museo de la Cosmonáutica de Moscú; el rover *Sojourner 500 PUMA* en la superficie de Marte.

Figura 14. Brazo robot montado sobre una plataforma móvil. Los elementos y articulaciones de la estructura están indicados en itálica.

Texto añadido sobre foto original de

Figura 15 A la izquierda, estructura paralela experimental. Los únicos ejes actuados son los lineales, las articulaciones de rotación en los extremos son pasivas. Desplazando adecuadamente los ejes lineales, se puede conseguir cualquier posición y orientación de la plataforma superior. A la derecha, robot Delta comercial, el FlexPicker de la empresa sueca ABB.

Cortesía del Grupo de Robótica Computacional (RC) del Institut de Robòtica i Informàtica Industrial (IRI) (CSIC-UPC).

Figura 16. Pinza de dos dedos; mano polidigital.

Cortesía del Grupo de Percepción y Manipulación (P&M) del IRI

Figura 17. Robot móvil con ruedas omnidireccionales; robot con patas en terreno abrupto; robot experimental inspirado en los pseudópodos de una ameba.
Cortesía del Grupo de RC del IRI

Figura 18. Los ojos del robot se pueden hacer coincidir con las cámaras del sistema de visión. Una cabeza con una pantalla permite simular todo un repertorio de emociones, para facilitar la comunicación con el usuario.
Cortesía del Grupo de Robótica Móvil (RM) del IRI
Cortesía del Grupo de P&M del IRI

Figura 19. Robots de soldadura por puntos en una línea de producción FlexLean d'ABB; robot FANUC P-250iB aplicando pintura en piezas de automóvil.
By Zen wave, CC BY-SA 4.0, Wikimedia a *https://commons.wikimedia.org/wiki/File:FlexLean_Production_Line.jpg*
© FANUC Europe Corporation

Figura 20. Dos vistas del robot TIAGo como prototipo para la poda de viñas y la cosecha automatizada de viñedos en el proyecto europeo Canopies; pinza experimental instrumentalizada para la medida y toma de muestras de hojas en el proyecto europeo Garnics.
Cortesía del Grupo de RM del IRI
Cortesía del Grupo de P&M del IRI

Figura 21. Robot REMUS 600 de exploración submarina; representación artística del rover Spirit/Opportunity en la superficie de Marte.
Dominio público, Wikipedia, By National Museum of the U.S. Navy - 160802-N-WB378-087, *https://commons.wikimedia.org/w/index.php?curid=70740686*
Dominio público, Wikipedia, By NASA/JPL/Cornell University, Maas Digital LLC - *http://photojournal.jpl.nasa.gov/catalog/PIA04413* (image link), *https://commons.wikimedia.org/w/index.php?curid=565283*

Figura 22. Robot de desminado MV-4, de la empresa croata DOK-ING; sistema defensivo de corto alcance *Kortik* (también conocido como Kashtan) en la bricbarca a *Steregushchiy*.By Vitaly V. Kuzmin - *http://vitalykuzmin.net/?q=node/534*, CC BY-SA 4.0, *https://commons.wikimedia.org/w/index.php?curid=29632467*

By Black leon - Own work, CC BY-SA 3.0, *https://commons.wikimedia.org/w/index.php?curid=11002492*

Figura 23. Robots de servicios, domésticos y educativos: Robot social Tibi determinando su trayectoria entre peatones; robot aspirador limpiando el suelo; versión actualizada del robot educativo tortuga LOGO, de la angloamericana Valiant Technology.

Cortesía del Grupo de RM del IRI

By Valiant Technology Ltd., CC BY-SA 3.0, *https://commons.wikimedia.org/w/index.php?curid=19501049* (modificado)

© leungchopan/123RF.COM

Figura 24. Robot de cirugía laparoscópica de Rob Surgical, spin-off de la UPC y el IBEC; robot asistencial para rehabilitación cognitiva desarrollado en el proyecto europeo Socrates.

© Rob Surgical

Cortesía del Profesor Josep Amat

Figura 25. A menudo, la robótica se asocia popularmente a la pérdida de puestos de trabajo.

© danomyte/123RF.COM

Figura 26. Representación de la versión más extendida del dilema del tranvía.

By Original: McGeddon Vector: Zapyon - This SVG diagram includes elements from this icon:, CC BY-SA 4.0, *https://commons.wikimedia.org/wiki/File:Trolley_Problem.svg*

Figura 27. Un dron británico de combate MQ-9 Reaper operando en Afganistán en 2009. Diferentes modalidades de operación de los UAV (de arriba abajo): human (in, on, out of) the loop.

By Photo: POA(Phot) Tam McDonald/MOD, OGL v1.0, 0, *https://commons.wikimedia.org/w/index.php?curid=26905678*

© Pablo Jiménez Schlegl

Figura 28. Las prótesis robóticas de mano son hoy en día un artículo fuera del alcance de la mayoría de las personas.

© Cottonbro studio/PEXELS.COM

Figura 29. Las mascotas robóticas pueden provocar el desarrollo de vínculos afectivos en sus usuarios, como es el caso del robot terapéutico *Paro* con forma de bebé foca, creado por el profesor Takanori Shibata. Tal vez algún día estará socialmente aceptado tener robots como compañeros sentimentales o sexuales.

© ehjayb/FLICKR.COM

© drmicrobe/123RF.COM

Figura 30. Una vez aprendidos (por demostración) los movimientos necesarios para colocar una bufanda, el robot puede ejecutar esta operación, sin posibilidad de asfixiar al usuario, quien puede alterar la trayectoria o interrumpir al robot en cualquier momento.

Cortesía del Grupo de P&M del IRI

Figura 31. El rover Perseverance de la NASA haciendo un autorretrato de la superficie de Marte, en 2021. A su lado, el dron *Ingenuity*.

By NASA - *https://mars.nasa.gov/resources/25790/perseverances-selfie-with-ingenuity/*, Public Domain, *https://commons.wikimedia.org/w/index.php?curid=103269028*

Figura 32. El robot Nao; el robot Pepper; dos robots TIAGo extendiendo un mantel sobre una mesa.

Figura 33. Gráfico que ilustra la teoría del valle inquietante.

Preámbulo

Este libro es fruto de décadas de dedicación a la Robótica, de los conocimientos y experiencia acumulada en el ejercicio profesional de los autores en la investigación sobre los robots. También es fruto de la documentación que durante unos meses hemos reunido y recopilado expresamente para este volumen. Hemos querido ofrecer una perspectiva amplia y diversa sobre esta tecnología, aunque es evidente que hoy en día el peso específico recae, por razones históricas, sobre el robot industrial. Pero es innegable que serán el robot de servicios, el robot social y el robot personal los que protagonizarán el impacto más transformador en la sociedad de un futuro bastante próximo. Los contenidos incluyen la realidad tecnológica de estas máquinas, es decir, su constitución física y su programación (sin olvidar la inteligencia artificial que permite el desarrollo de los robots autónomos), así como sus aplicaciones.

Pero también hemos considerado pertinente acercarnos a la vertiente humana y social de la robótica: a las expectativas y los miedos que históricamente ha despertado la idea de un ser humano artificial y, más recientemente, de las máquinas inteligentes. Por eso, el libro también habla del imaginario popular del robot, así como de los retos éticos asociados a su desarrollo y despliegue en nuestra sociedad.

Hemos intentado complementar el texto con figuras que ilustren los conceptos expuestos. Al margen de la siempre compleja cuestión de los derechos de reproducción, hemos evitado incluir imágenes fácilmente accesibles en internet (como por ejemplo de las grandes producciones cinematográficas donde salen robots), para concentrarnos en esas imágenes menos conocidas, con un cierto peso histórico, y que, por lo tanto, aporten un valor añadido. Los autores queremos agradecer a nuestros compañeros del Institut de Robòtica i Informàtica Industrial por sus contribuciones al material gráfico del libro, que han cedido generosamente. El presente trabajo cuenta con el apoyo del proyecto Desafia2030: Desarrollo de una estrategia de formación y seguimiento de los desafíos éticos del uso de la inteligencia artificial en una perspectiva 2030, BILTC22005, así como del proyecto SGR RobIRI: Grupo consolidado de Percepción y Manipulación Robotizada del IRI, 2021 SGR 00514.

Capítulo 1
¿Qué es (y qué no es) un robot?

Un intento de definición

¡Dibuja *un robot!*

Al hacer esta petición a cualquier persona, sea un niño o un adulto, obtendremos algo parecido a lo siguiente:

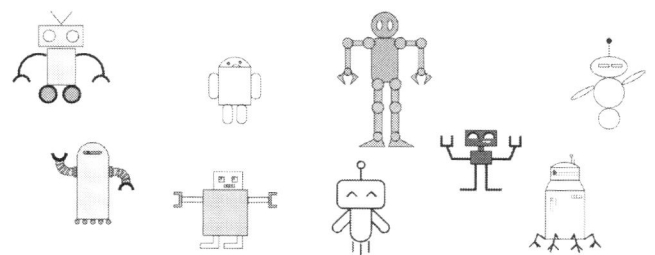

Figura 1. Representaciones minimalistas de robots.

Es decir, una forma vagamente humanoide, con cabeza y brazos reconocibles, y piernas o ruedas para desplazarse. La antena no es imprescindible, pero sí bastante inequívoca. Los elementos constituyentes serán de geometría simple, no orgánica: preferentemente rectangular, pese a que otros polígonos también son admitidos, así como circunferencias, semicircunferencias, elipses u óvalos. Si además pedimos que el dibujo sea colorido, se utilizarán preferentemente el azul cielo o el gris plateado, dando a entender la naturaleza metálica del robot. Sin embargo, los primeros robots no eran metálicos, como explicaremos a continuación. Finalmente, si el robot tiene que decir algo, el bocadillo que salga del robot contendrá onomatopeyas de zumbidos o se utilizará un tipo de letra que evoque una voz enlatada (los más espabilados escribirán una secuencia de ceros y unos, en alusión al carácter digital de su programación). En definitiva, la iconografía más arraigada en la psique colectiva corresponde a la de un ser artificial, capaz de hacer cosas similares a las que hacen los humanos, pero obedeciendo a las órdenes programadas. Bueno, no siempre, a veces se rebela contra sus amos-creadores humanos.

El origen de la palabra *robot* para designar estos seres artificiales, que ha tenido éxito en casi todos los idiomas, está asociado a una obra teatral, *R.U.R. (Rossum's Universal Robots)*, escrita por el dramaturgo checo Karel Čapek y estrenada en el año 1921 (ver el Capítulo 2 para más detalles). En este drama, los robots manufacturados en las fábricas de la empresa que da nombre a la obra son exportados a todo el mundo como fuerza de trabajo. Estos son indistinguibles de los humanos, excepto por su falta de expresividad. El término *robot* proviene de la palabra *robota*, que en checo significa 'trabajo forzado'. En la obra, los robots acaban rebelándose y extinguiendo la humanidad, lo que ha dado lugar a un tópico literario y cinematográfico revisitado muchas veces. Cabe destacar que la finalidad con la que se crean estos robots y que ya viene implícita en el nombre es trabajar, substituyendo a los humanos en los trabajos más duros y pesados. La obra fue estrenada y representada durante la siguiente década en los teatros de muchas ciudades de todo el mundo, con gran éxito de público. Este hecho contribuyó a popularizar el término.

Figura 2. Karel Čapek, portada de la primera edición de *R.U.R.*, y escena de una representación de la obra en la gira 1928-29 de la compañía Theatre Guild.

Hoy en día, el espectro iconográfico popular de lo que se entiende como robot va desde el cilíndrico

R2-D2 o el esférico *BB-8* de la franquicia de *Star Wars* hasta los *replicantes* de *Blade Runner*, que son idénticos a los humanos. Pero, ¿qué son los robots en realidad? ¿Deben tener una forma humana, aunque sea remotamente? Y esto es suficiente: un autómata, como los del museo del Tibidabo, ¿es un robot? Si la forma no es relevante, ¿un vehículo autónomo se puede considerar un robot? ¿Y un robot de cocina, o el Roomba®? ¿Y un robot de búsqueda en internet? ¿Cualquier cosa a la que se le llame robot es realmente un robot? Algunas personas que han tratado con robots toda su vida, como Joseph Engelberger, uno de los padres de la robótica industrial, tienen dificultades para definir genéricamente qué es un robot, pero no para reconocer uno en concreto como tal. Las definiciones y consideraciones que se describen a continuación permiten contestar estas preguntas y tener una idea más precisa de lo que es un robot real.

En las definiciones que encontramos en diccionarios y normativas hay bastantes coincidencias al describir el robot como una máquina automática programable, que se mueve en su entorno y hace diversas tareas previstas. Algunas definiciones también especifican que esta máquina o mecanismo se tiene que mover en dos o más ejes independientes. Hablamos de *máquina*, cosa que ya establece que estamos hablando de un dispositivo físico. Esto descarta herramientas de *software* como los robots de búsqueda, ya que su ecosistema es Internet y no el mundo físico. También se especifica que esta máquina es *automática*, lo que implica que la intervención humana para su funcionamiento se reduce a un mínimo. Otra palabra clave es *programable*. Esto significa que se puede modificar el comportamiento del mecanismo, es decir, *cómo* se mueve, a través de su *software*. Hablaremos más adelante del *software* de los robots, de momento quedémonos con la idea de que se trata de un conjunto de instrucciones que definen el comportamiento del robot, y que es fácilmente modificable. Por ejemplo, utilizando un ordenador sin que tengamos que hacer ninguna modificación física en el robot. Continuando con la definición: el nombre de ejes que definen el movimiento del mecanismo, con autonomía (es decir, controlado por el *software*, no directamente por un humano), tiene que ser de dos como mínimo. Esto descarta máquinas como una lavadora *inteligente*: por sofisticada que sea, con sensores capaces de detectar el grado de suciedad de la ropa, y la posibilidad de ajustar el programa de lavado, el movimiento que define su trabajo se produce exclusivamente en un eje, el de rotación del tambor. También descarta, por el mismo motivo, otro electrodoméstico, el llamado *robot de cocina* (además, requiere intercambiar físicamente a los ralladores, cortadores o batidoras para hacer las diferentes tareas). *Que se mueve en su entorno* puede ser interpretado de diferentes maneras. Puede implicar desplazar toda su estructura de un lado a otro, como hacemos los animales: el cuerpo nos permite movernos por nuestro entorno. Pero también puede referirse a cambiar su *configuración* (este término será definido con precisión en el Capítulo 4, de momento pensemos en configuración como la forma que adopta el mecanismo) manteniendo una parte del cuerpo fija en su entorno, como es el caso de los llamados *robots fijos*. Entonces surge la duda: una casa domótica, con termostatos y sensores de luz y de presencia, capaz de poner en acción de forma autónoma el cierre/apertura de persianas y puertas (entre otros elementos como luces, climatización, etc.), ¿se puede considerar un robot? Es cierto que, de manera minimalista, cambia algunos aspectos de su configuración (si en una concepción generosa se incluyen también elementos accesorios como las persianas), moviendo dos o más ejes independientes, pero no mueve elementos estructurales (paredes, tejados...), por lo tanto, difícilmente se puede considerar un robot. Para acabar con la definición, vemos que este movimiento programado de la estructura del mecanismo tiene una finalidad: *para realizar las tareas previstas*. Es decir, el objetivo del robot es trabajar, hacer un trabajo específico, determinado por un programador o un usuario humano. El robot no tiene unos objetivos propios, como puede tener un ser vivo (supervivencia y perpetuación de la especie), sino que ha sido diseñado, construido y programado para hacer una tarea específica, o un abanico de tareas, como veremos en el Capítulo 5, dedicado a las aplicaciones de los robots.

La definición precedente implica de manera implícita que el robot es una máquina cuya funcionalidad se articula alrededor del ciclo *percibe-procesa-actúa*. Estas tres funciones no se deben interpretar en el mismo sentido que les atribuimos cuando hablamos de los humanos, sino, en todo caso, como metáforas o equivalentes funcionales para robots. Pero sí que permiten identificar algunos rasgos característicos de los robots, que los convierten en unas máquinas muy especiales, y sobre los que hay bastante consenso, que definen a los robots.

Percibe: el robot debe ser capaz de percibir su entorno, utilizando sensores. En la forma más rudimentaria, esta percepción se puede limitar a determinar si el robot está tocando o no un obstáculo, o si hay o no una pieza que el robot debe coger en el sitio previsto. En ambos casos, un sencillo microrruptor (un tipo de interruptor) servirá. Pero la percepción también puede ser tan compleja y sofisticada como la que proporciona un sistema de visión cuando interpreta lo que aparece en una imagen o en un vídeo.

Procesa: el robot debe poder interpretar lo que percibe, es decir, actualizar su representación del estado del entorno en función de lo que dicen los sensores, y decidir la acción (o secuencia de acciones) que debe realizar a continuación. Evidentemente, el robot no piensa, pensar es una facultad humana (y posiblemente de algunos animales más, hasta cierto punto), y la toma de decisiones se rige por el *software* del robot. Ya se explicará en el Capítulo 4, pero podemos avanzar que este *software* puede ser una simple secuencia de instrucciones del tipo *espera hasta que la pieza se encuentre en el sitio*, o puede ser un complejo sistema basado en técnicas de inteligencia artificial, con aprendizaje y planificación de tareas.

Actúa: el robot debe ser capaz de llevar a cabo acciones en su entorno físico, utilizando sus actuadores (elementos motrices de su cuerpo). Estas acciones comprenden desde desplazamientos sencillos, hasta manipulaciones complejas que exigen un grado elevado de destreza. También entrarían los actos comunicativos, gestuales o de interacción física con los humanos.

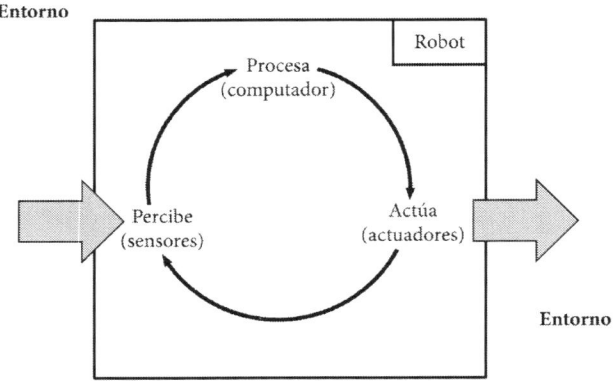

Figura 3. Ciclo percibe-procesa-actúa

Estas características son las que hacen del robot una máquina especial. La gran mayoría de las máquinas solo tienen la última función, la de actuar: una vez han sido encendidas, repiten todo el rato la misma acción o secuencia de acciones. Algunas, más sofisticadas, poseen además la función de percepción, pero esta función va ligada de forma invariable a la propia acción, y este vínculo no se puede alterar. En cambio, el robot puede hacer movimientos imprevistos (para quien no conoce su programación) y no resulta difícil atribuirle intencionalidad, pese a que ahora ya sabemos que esto es un espejismo, al menos para los robots actuales.

Antes hemos visto el ejemplo de algunos electrodomésticos que no eran robots, pese a su sofisticación o incluso su denominación. Ya tenemos bastantes elementos para responder afirmativamente a la pregunta de si un robot-aspiradora, como el popular Roomba® de iRobot®, es realmente un robot: está equipado con sensores que le permiten determinar el grado de suciedad del suelo, si ha chocado con un obstáculo, si está a punto de caer por las escaleras, si se ha quedado atrapado, y otras contingencias. En función de esta información, más (en los modelos más avanzados) la representación del espacio por limpiar y lo que ha limpiado hasta el momento, su programación determina la trayectoria que hay que seguir para continuar con la limpieza (o ir al punto de carga si la batería está baja). Y actúa sobre su entorno, no solo desplazándose, sino también aspirando la suciedad, que es la tarea para la que se ha diseñado y fabricado.

En las siguientes secciones haremos un repaso histórico de tecnologías y otras máquinas que han precedido y hecho posible la aparición de los robots, y que nos permiten acabar de apreciar lo que distingue a estas máquinas. Empezaremos por los que muchos autores consideran los antepasados de los robots: los autómatas.

Autómatas

Para ver autómatas en acción y comprender de primera mano qué son y para qué se construyeron no hace falta ir muy lejos: el Museo de Autómatas del Tibidabo, en Barcelona, inaugurado en 1982 (aunque el parque de atracciones muestra autómatas desde 1901) exhibe unas cincuenta piezas, incluyendo no solo figuras, sino también dioramas en movimiento. Incluso hoy en día, y pese a las frecuentes innovaciones tecnológicas, son todavía capaces de provocar fascinación en quienes observan sus movimientos, sus gestos mecánicos. El autómata más antiguo que se muestra en el museo es *El Payaso Mandolinista*, de 1880, pero la historia de los autómatas se remonta a muchos siglos atrás.

En el antiguo Egipto ya se utilizaban estatuillas articuladas que representaban divinidades. A través de mecanismos ocultos con cordeles y poleas, probablemente accionados por un sacerdote escondido, hacían gestos sencillos que eran interpretados como respuestas divinas en un contexto oracular, o representaban algún mito de especial significación religiosa. En este sentido, podemos mencionar una estatuilla de la diosa Hathor, datada entre las dinastías 22 y 25 (alrededor del primer milenio a. C.), que, descubriendo su intimidad con un simple gesto de los brazos, animaba a su deprimido padre, el dios solar Ra-Horajty, asegurando su buena disposición en torno a la fertilidad y las cosechas (Reeves, 2015). Pero en este caso tenemos que hablar propiamente de *proautómatas,* de títeres, ya que no se movían de forma autónoma.

La palabra *autómata* proviene del griego clásico, αὐτόματος (autómatos), que quiere decir "que se mueve impulsado por sí mismo" (Wiktionary). El prefijo reflexivo *auto-* tiene una interpretación unívoca, pero la segunda parte es más polisémica: *-matos* tiene su origen más remoto en el verbo indoeuropeo **men-* "concebir un pensamiento" (Merriam-Webster), por lo que fue traducido como *pensante, animado* o *dispuesto a, con voluntad de* (Online Etymology Dictionary). Según otra fuente, es un adjetivo derivado de *memonénai* "pretender, tener intención de", y de *ménos* "poder, fuerza" (WordReference). Es decir, trascendiendo el significado más físico de tener la capacidad de moverse por sus propios medios, hay un componente cognitivo: se habla de voluntad, intención, pensamiento. Pero, en el autómata, este componente es pura apariencia (sugerida por el aspecto zoomórfico o antropomórfico de la mayoría de los autómatas), la única voluntad que transmite es la de su creador.

Griego es el origen de la palabra, y griegos son también los primeros autómatas de los que se tiene conocimiento. Arquitas de Tarento (finales s. V a. C. – mediados s. IV a. C.) fue un político, general, filósofo, matemático e ingeniero, a quien se le atribuye la invención de una paloma de madera que volaba. También en el s. V a. C., pero en el otro extremo del mundo, el ingeniero chino King-Shu Tse crea una urraca de madera y bambú, que puede volar, así como un caballo de madera accionado por muelles y resortes, capaz de saltar. Herón de Alejandría (s. I d. C.), por su parte, matemático e ingeniero, está considerado como uno de los pioneros en el estudio formal de la *cibernética* (la ciencia de los sistemas de control y de comunicación, también la ciencia de los sistemas realimentados) a través de los aparatos automáticos que inventó. Entre ellos (puertas que se abrían automáticamente al encender un fuego en el altar, un órgano operado por un molino de viento, un predecesor de las máquinas de *vending* que dispensaba agua sagrada a cambio de una moneda) cabe citar unas máquinas teatrales con muñecos que representaban dioses, héroes y animales, que llegaban a moverse de forma autónoma durante diez minutos.

Más próximos en el tiempo, pero envueltos en la incertidumbre de la leyenda, se atribuye la tenencia de hombres/cabeza de latón a los teólogos, filósofos y científicos, Alberto Magno y Roger Bacon, los dos del s. XIII. Eran capaces de razonar con gran sensatez, y del primero se dice que fue desmenuzado a golpes de martillo por el discípulo del Magno, Santo Tomás de Aquino, que veía malas artes en este prodigio (o, como también se ha sugerido, estaba harto del discurso implacablemente lógico y coherente del androide). La misma actitud ludita la encontramos unos siglos más tarde, también en el contexto de un gran pensador y el supuesto autómata que creó: Descartes (s. XVII) habría construido una *ginoide* (autómata o robot con apariencia femenina) parecida a su hija Francine, que había muerto de escarlatina a los cinco años. La llevaba a todos lados con él, pero durante una travesía en barco, sorprendidos por una fuerte tormenta, el capitán acabó tirando el autómata al mar, empujado por la superstición.

Volviendo al s. XIII, pero con pruebas documentales, hay ilustraciones que muestran el funcionamiento interno de unos autómatas creados por el inventor, matemático, artista e ingeniero árabe Al-Jazarí, como el reloj elefante, la camarera que servía bebidas, o una banda de músicos autómatas, entre otros, recogidos en su *Libro del conocimiento de dispositivos mecánicos ingeniosos*. También en el libro de esbozos del maestro de obras Villard de Honnecourt (1235) encontramos indicaciones para hacer un ángel autómata, entre otros en forma humana o de animales. En 1352 entró en funcionamiento el

Gallo de Estrasburgo, instalado en la catedral de esta ciudad y funcionando (moviendo el pico y las alas con las horas) hasta 1789.

En Toledo hay una calle que se llama *del Hombre de Palo*. Hace referencia a un autómata de madera, diseñado y construido por el inventor, arquitecto y relojero real ítalo-español Giovanni Torriani (1501-1585), más conocido como Juanelo Turriano. Era un androide que recogía limosna, porque su creador se quedó en la indigencia después de construir un sistema que subía el agua del Tajo al Alcázar y nadie le pagara por ello. Se dice que caminaba y hacía una reverencia cuando recibía una moneda, pero lo más probable es que fuera una figura fija. Al gran Leonardo da Vinci también se le atribuyen dos autómatas: un caballero con armadura (1495) y un león que descubría su pecho mostrando el escudo real de Francia (1515).

El s. XVIII vivió una auténtica edad de oro en cuanto a los autómatas, gracias a la evolución de la mecánica fina y la relojería. Uno de los autómatas más conocidos es el *pato con aparato digestivo*, construido por el relojero francés Jacques de Vaucanson en 1739. Hecho de cobre y recubierto de oro, sus 400 piezas móviles le permitían batir las alas y simular que comía grano, lo digería y excretaba, aunque parece que el alimento procesado provenía de una cámara oculta en el interior del pato. Fue su obra maestra, pero antes ya había construido un androide flautista, que soplaba realmente la flauta y tapaba los agujeros con unas manos recubiertas de una tela muy parecida a la piel humana. También creó un tamborilero. Aparte de los músicos, también ganaron popularidad los autómatas que escribían o dibujaban. Este es el caso de El Escritor del alemán Friedrich von Knauss (en su composición salía también la musa que inspiraba al escritor), el suizo Pierre Jaquet-Droz, su hijo y su equipo (con una Organista, un Escritor y un Dibujante), o los hermanos Maillardet, también suizos (uno de los cuales había estado en el equipo de Jaquet-Droz), entrando ya en el s. XIX (con un Escritor-Dibujante). Los autómatas de los Jaquet-Droz son considerados como la culminación de los autómatas mecánicos, con miles de piezas móviles, y que acompañaban la realización de sus tareas con toda una gesticulación que reflejaba con naturalidad los gestos humanos. Todavía se pueden admirar en el Museo de Arte e Historia de Neuchâtel. Los Jaquet-Droz y su socio Jean-Frédéric Leschot también se especializaron en hacer prótesis funcionales de miembros amputados.

El éxito y la popularidad de estos autómatas también propició la maquinación de algunos fraudes o farsas. El más conocido fue *El Turco,* jugador de ajedrez construido por el escritor e inventor húngaro Wolfgang von Kempelen en 1769. Lo llevaron de gira por Europa y más tarde, una vez muerto von Kempelen, acabó en manos de Johann Nepomuk Maelzel, que también lo llevó a Estados Unidos. Jugó, entre otros, con Benjamin Franklin, Charles Babbage, o Napoleón. Casi siempre ganaba, lo que no es de extrañar, ya que en su interior escondía un verdadero maestro humano del ajedrez, quien activaba el mecanismo que hacía mover las piezas a *El Turco*.

Figura 4. El pato con aparato digestivo de Jacques de Vaucanson según ilustración del Scientific American de enero de 1899; la Organista y el Dibujante de Pierre Jaquet-Droz, que se encuentran en el Museo de Arte e Historia de Neuchâtel.

En otro ámbito geográfico, tenemos que mencionar a los Karakuri ningyō, *títeres mecánicos*, muy populares en Japón durante los siglos XVIII y XIX (algunos todavía en funcionamiento), entre los que podríamos destacar los domésticos Zashiki-karakuri, como el autómata del té, que sirve esta tradicional bebida a los invitados.

A partir del s. XIX, los autómatas quedan relegados a mecanismos más sencillos, diseñados para maravillar a un público más popular y menos exigente. A pesar de esta decadencia, la figura del autómata todavía disfrutará de cierta fascinación en la literatura, como ilustra la historia corta *Los autómatas*, escrita por E. T. A. Hoffmann en 1814.

El escritor norteamericano de historias de intriga y horror Edgar Allan Poe también escribió un artículo en 1836, *El jugador de ajedrez de Maelzel*, donde, aparte de expresar su convencimiento de que había un jugador humano escondido, compara las exigencias, podríamos decir informáticas, de una máquina que jugara al ajedrez con las de la máquina analítica de Charles Babbage, de la que hablaremos en la siguiente sección. Y esta fascinación todavía aflorará en una fecha tan próxima como en 2012, con la película *Hugo*, dirigida por Martin Scorsese, en la que un autómata tiene un protagonismo especial.

Control automático y programación

Si bien antes decíamos que los autómatas son considerados los antepasados de los robots, también tenemos que dejar bien claro que entre unos y otros hay algo más que un salto generacional. Tenemos que hablar de dos especies diferentes, ya que los robots incorporan dos características que los diferencian radicalmente de los autómatas: la introducción de mecanismos de control y la programación, que es en lo que se centra esta sección. También tendríamos que subrayar que el objetivo principal de los autómatas es el entretenimiento, mientras que con los robots se pretende la realización efectiva de tareas en diversos ámbitos. Sí que es cierto que muchos avances en mecánica relacionados con la creación de los autómatas (transmisiones, mecánica de precisión) se han podido incorporar a los robots actuales. Tampoco se debe menospreciar el hecho de que el zoomorfismo y antropomorfismo de los autómatas se ha perpetuado en la *biomímesis* (imitación de formas vivas) como fuente inspiradora para el desarrollo de los robots actuales.

El movimiento en los autómatas se genera básicamente a partir de la energía potencial contenida en muelles (más raramente la hidráulica o la neumática, como en los autómatas de Herón de Alejandría), por lo que se les tiene que dar cuerda. Pueden incorporar algún elemento de regulación de la velocidad, como el péndulo en los relojes, pero en general ejecutan toda una secuencia de movimientos de principio a fin, sin que estos se vean afectados por ningún tipo de medida de su estado interno o del de su entorno. Los robots, en cambio, requieren una monitorización constante de su propio estado, y en muchos casos también del estado del exterior, y ajustan sus movimientos en función de esta información. Esto es posible gracias a las técnicas del *control automático*. Para ilustrar el concepto, describiremos la regulación automática de la velocidad de una máquina de vapor. James Watt (1736-1819) introdujo muchas mejoras sobre la máquina de vapor de Thomas Newcomen (1705) (la primera con una finalidad práctica, el bombeo del agua de las minas), entre las cuales nos interesa particularmente el regulador de bolas centrífugo. Este dispositivo hace de la máquina de vapor una máquina autorregulada e introduce de manera práctica el control automático. El movimiento rotativo generado en la máquina se transmite al eje de rotación del dispositivo, del que cuelgan unas bolas. Cuanto más rápido sea el giro, más tenderán a subir las bolas por fuerza centrífuga. Este movimiento ascendente se transmite mecánicamente hasta una válvula de regulación de la presión de la caldera de vapor, abriéndola. El vapor escapa por la válvula, disminuye la presión, y con ella la velocidad de giro del eje principal, y, por lo tanto, también del regulador, provocando que las bolas bajen y se cierre la válvula. De esta forma se consigue mantener la velocidad más o menos constante, dentro de unos límites, sin ninguna intervención externa. Es lo que se conoce como un sistema retroalimentado, o de control en lazo cerrado, ya que es la propia variable de salida (la velocidad de rotación del eje principal, en este caso) la que se compara con el valor de referencia (aquí la velocidad de diseño), y la discrepancia (o error) entre los dos valores es la que provoca el ajuste automático del sistema, tendiendo a reducir esta discrepancia. La teoría del control en sistemas con retroalimentación positiva o negativa (esta última, por la corrección que introduce, genera sistemas que tienden a la estabilidad) fue formalizada por Norbert Wiener, bajo el nombre de *cibernética* (del griego *gobierno de una nave*) y que recogió en su libro *Cibernética o el control y la comunicación en animales y máquinas* (1948). Los sistemas de control de máquinas actuales están implementados en circuitos *electrónicos*, que procesan las señales provenientes de *sensores* y emiten las correspondientes señales eléctricas que gobiernan los *actuadores*, como veremos al describir la anatomía de los robots (Capítulo 4).

El Escritor de Pierre Jaquet-Droz era capaz de escribir cualquier mensaje de 40 caracteres. Para hacerlo, se tenían que colocar las levas correspondientes a las letras y los espacios en blanco que componían el mensaje en un disco que se ponía dentro del autómata. Aunque es posible ver una forma de *programación* en este procedimiento, lo cierto es que no se puede considerar como tal en sentido estricto, ya que el dispositivo forma parte de la propia mecánica que proporciona movimiento al autómata. En los robots es posible programar una nueva secuencia de movimientos sin interrumpir la ejecución de la tarea actual, lo que no es factible en los autómatas, ya que deben ser modificados físicamente. En cambio, los lectores de cintas o tarjetas perforadas de los telares de Joseph Marie Jacquard se pueden contemplar como un paso intermedio. Estos dispositivos, que desarrolló en 1805, determinan los hilos de la urdimbre que suben o bajan (en función de la presencia o ausencia de agujeros en la cinta perforada) durante el tejido, a cada pasada del hilo de la trama. De esta forma hay una correspondencia directa entre la disposición de agujeros en la cinta perforada y el patrón del tejido, y cambiando la cinta (el *programa*) se modifica el funcionamiento del telar, pero sin tener que cambiar su mecánica.

El uso de tarjetas perforadas como las de Jacquard fue el recurso que Charles Babbage introdujo en su *máquina analítica* para proporcionar los programas y los datos necesarios para hacer sus cálculos. El conocimiento que había adquirido previamente con la *máquina diferencial*, una calculadora mecánica para tabular polinomios, lo capacitó para abordar este proyecto mucho más ambicioso, ya que la máquina analítica era de propósito computacional general. Incorporaba una unidad aritmética lógica, una estructura de control que permitía la ramificación condicional y los bucles, y una memoria integrada. Por eso se considera el primer ordenador, como formuló Alan Turing más tarde. Como ya se ha dicho, era programable, con tres tipos de tarjetas: instrucciones (operaciones aritméticas), datos numéricos, e instrucciones de almacenamiento o carga de datos. También diseñó una impresora para la salida, así como una trazadora de gráficos y una unidad de perforación de tarjetas, que se podían reintroducir en la máquina. Ada Lovelace (Augusta Ada Byron King, condesa de Lovelace) se dio cuenta del potencial de la máquina analítica, más allá del cálculo (desde descifrar información codificada hasta producir composiciones musicales), y en sus notas escribió lo que se considera el primer algoritmo (secuencia de instrucciones) para ser introducido en un ordenador, por lo que se la conoce como la primera programadora (hay un lenguaje de programación bautizado como *Ada* en su honor). Ada Lovelace y Charles Babbage colaboraron, pero la máquina analítica no se llegó a completar nunca.

Alan Turing y John von Neumann crearon el trasfondo teórico de lo que llegarían a ser los ordenadores modernos. Alan Turing describe en 1936 una máquina teórica que se convertiría en la base conceptual de los ordenadores actuales y de la informática. La máquina de Turing consta de un cabezal de lectura/escritura y una cinta infinita con símbolos consecutivos (dentro de un alfabeto finito, incluyendo el espacio en blanco) que se puede mover a la derecha o a la izquierda respecto al cabezal. Tiene un conjunto finito de estados y una función de transición (que la hace moverse a la derecha o a la izquierda en función del estado). El símbolo que lee en cada momento se borra y se escribe uno nuevo. El procedimiento continúa hasta que se encuentra en el estado final o de aceptación. Esta máquina conceptual simple puede ser adaptada para reproducir la lógica de cualquier algoritmo implementado en un ordenador. John von Neumann, por su parte, conocedor de Turing y su modelo, propuso unos diez años más tarde una arquitectura de ordenadores de tipo más práctico, hasta el punto de que los ordenadores actuales están inspirados en su modelo. Este incluye una unidad central de procesamiento (CPU, por su acrónimo en inglés) que incorpora una unidad aritmética lógica, un conjunto de registros para el almacenamiento temporal de datos y direcciones de memoria, y una unidad de control que toma las instrucciones de la memoria principal y las ejecuta. Esta memoria principal contiene las instrucciones y los datos. Además, hay un bus de entrada y salida que permite, por un lado, cargar programas y datos desde un dispositivo externo, y, por otro lado, proporcionar el resultado de la computación.

Desde las voluminosas máquinas de la década de 1940, basadas en relés electromecánicos o en tubos de rayos catódicos, y programadas (ya utilizando un código binario) con cables de conexión e interruptores, los ordenadores experimentaron a partir de la segunda mitad del s. XX, gracias a la electrónica basada en transistores, un creciente abaratamiento y miniaturización, así como un aumento espectacular de prestaciones de cálculo (velocidad y capacidad de memoria). La posibilidad de programar una máquina, y de hacerlo con un ordenador compacto y económico, ha sido lo que ha posibilitado que los robots sean multifuncionales y flexibles, dos de sus elementos más característicos.

Parientes de los robots

A estas alturas ya tenemos claro lo que distingue a los robots de los autómatas, y que estas características (control automático, incluyendo percepción propia y del entorno, y programación) son posibles gracias a los desarrollos e inventos descritos en la sección precedente. En el Capítulo 3 explicaremos el contexto en el que se produjo la aparición de los robots durante lo que se conoce como la tercera revolución industrial, pero para concluir este capítulo revisaremos algunas máquinas coetáneas de los robots, que por una característica u otra no se pueden considerar robots.

La primera máquina de la que tenemos que hablar es el ordenador o computadora. Con lo que ya sabemos, es evidente que un ordenador, por sí mismo, no es un robot, ya que del ciclo funcional de los robots *percibe-procesa-actúa,* solo ejecuta la segunda función. Sin embargo, mucha gente continúa confundiendo los términos. Sí que es cierto que los robots incorporan un ordenador, aunque sea con las prestaciones más básicas, para poder justamente procesar la información sensorial y elaborar la respuesta en forma de acción. También necesitan un ordenador (incorporado o externo) para programar las tareas que tienen que llevar a cabo.

Un dispositivo muy relacionado con lo que justamente se ha expuesto es el *controlador lógico programable* (PLC, por su acrónimo en inglés), también denominado autómata programable. Los PLC empezaron a ser introducidos en las fábricas en 1969. Un PLC es básicamente un ordenador diseñado para controlar máquinas industriales y procesos automáticos. Utiliza un programa lógico y puede realizar cálculos aritméticos. Se puede programar por el usuario, utilizando diferentes sistemas que se recogen en el estándar internacional IEC 61131-3, aunque cada fabricante tiene su propio lenguaje. Aparte de la CPU que realiza los cálculos y las operaciones de control, con su memoria de trabajo, y la fuente de alimentación (que transforma la tensión de la red a las señales de corriente continua de baja tensión que necesita el aparato), el PLC cuenta también con unos módulos de entrada de las señales digitales y/o analógicas captadas por los sensores, y unos módulos de salida que envían las señales pertinentes a los actuadores. Finalmente, también disponen de un terminal o consola de programación, que es la interfaz de comunicación entre el PLC y el usuario, y el dispositivo con el que este puede entrar o modificar un programa, así como de otros periféricos. Diferentes PLC se pueden comunicar a través de una red local entre ellos o con un ordenador central. Un ejemplo muy característico es el uso de un PLC en un circuito electroneumático que forma parte integral de una máquina de proceso. El circuito electroneumático es un conjunto de actuadores en forma de cilindros-émbolos, que desplazan el émbolo y su eje hacia uno u otro lado, dependiendo de la presión del aire que entra por un lado u otro del cilindro. Estos actuadores están conectados a una red de tubos de aire a presión (generado por un compresor) y el acceso-salida de aire se regula a través de unas electroválvulas, que se activan por las señales procedentes del módulo de salidas del PLC. Las posiciones extremas del émbolo se detectan mediante finales de carrera, cuyas señales se envían al PLC a través del módulo de entradas. Así, por ejemplo, cuando un cilindro ha empujado una botella hasta la posición donde se le pondrá el tapón, la señal correspondiente al alcance de esta posición se envía al PLC, que activa, siguiendo el programa, la electroválvula que hará que otro cilindro baje el émbolo que coloca el tapón. A pesar de estas características, no podemos contemplar un circuito electroneumático gobernado por un PLC como un robot. Fundamentalmente, porque la disposición de sus actuadores es fija y determinada por la tarea que tiene que realizar, y que ejecutará de forma repetida decenas o centenares de miles de veces. El robot (industrial), en cambio, es una máquina multifuncional, que puede variar las características de la ejecución de sus tareas de unos ciclos a otros. Además, un circuito electroneumático funciona entre posiciones discretas: el émbolo únicamente se puede posicionar en un extremo u otro del cilindro, mientras que un robot se puede posicionar en cualquier punto de su espacio de trabajo.

Una tercera máquina de la que también tenemos que hablar es la *máquina de control numérico por ordenador* (CNC por *Computer Numerical Control*). Se trata en esencia de dotar a una máquina-herramienta (torno, fresadora, taladro, pulidora, sierra, cepilladora, etc.) de un control automático por ordenador. En las máquinas-herramienta manuales convencionales, la máquina imprime un movimiento rotacional en la pieza, o rotacional o de vaivén en la herramienta, mientras que el operador va ajustando la posición relativa entre la pieza y la herramienta a medida que progresa el mecanizado. En cambio, en las máquinas CNC el posicionamiento herramienta-pieza también está controlado por el ordenador, que ha sido programado con la geometría inicial y el aspecto final que tiene que tener la pieza. Máquinas que utilizan tecnologías más recientes, como el láser, la electroerosión, el arco de plasma, etc., también entran en esta categoría. La mayoría de máquinas-herramienta (convencionales y CNC) están pensadas para mecanizar piezas metálicas, pero también las hay para mecanizar piezas de madera, materiales sintéticos, etc. Algunos autores incluyen en la familia de las máquinas-herramienta no solo las que sacan material de la pieza, sino también las que la deforman, como las prensas, curvadoras, etc. Resulta evidente que las máquinas CNC son parientes muy cercanos de los robots, pero ¿se pueden considerar robots? Si las comparamos con los brazos industriales es evidente que no, a causa, otra vez, de la multifuncionalidad: una fresadora CNC solo puede mecanizar piezas, mientras que un brazo robot puede pulir, agujerear, pintar o manipular una pieza, cambiando simplemente el elemento terminal (la herramienta o la pinza) del robot. Ahora bien, cuando hablamos de robots especializados en sectores específicos como un robot limpiador de piscinas o el robot Roomba® del que hablábamos al principio, ya no podemos recorrer a la multifuncionalidad como rasgo diferenciador y, en cambio, tendremos que considerar otros criterios, como la movilidad (las máquinas CNC son estáticas).

Finalmente, tendríamos que mencionar los telemanipuladores o manipuladores remotos (y por extensión, otros aparatos controlados remotamente o a distancia). Se trata de dispositivos que por un mecanismo, que puede incluir actuadores eléctricos o hidráulicos, permiten a un operador humano gobernar el posicionamiento y la activación de una pinza o garra, para manipular, a distancia y en un espacio protegido, materiales radiactivos, que comporten riesgo de explosión, químico o biológico. Uno de los aparatos pioneros es el Master-Slave Manipulator Mk 8, desarrollado en 1945 en la compañía Central Research Laboratories, para el estadounidense Argonne National Laboratory, con la finalidad de substituir materiales altamente radiactivos dentro de una cámara sellada. La diferencia fundamental entre este tipo de aparatos y lo que se considera un telerrobot, como los robots cirujanos, que también se operan por el especialista quirúrgico, es que no hay una conexión mecánica directa entre los mandos que mueve el cirujano y los movimientos del robot, sino que determinan, a través del *software* del robot y de sus sistemas de control, tanto la percepción de las fuerzas en los mandos por parte del usuario, como la amplificación (en este caso, reducción) de sus movimientos respecto a los del robot. Esto permite, además, delimitar los espacios en los que el cirujano puede mover el bisturí sin afectar a otros órganos o tejidos.

Con todo lo que se ha expuesto hasta ahora, podemos empezar a tener una idea más clara de lo que es y no es un robot. Los Capítulos 3,4 y 5, que hablarán de la historia, la morfología y las aplicaciones de los robots, ayudarán a recalcar estos conceptos. Pero antes hablaremos de los robots y de otros seres artificiales en la ficción, con la finalidad de conocer la imagen poliédrica que la fantasía humana ha ido dibujando a lo largo de los siglos de estas criaturas. Hablaremos de expectativas y también de miedos.

Capítulo 2

Precedentes míticos y literarios

El sustrato mitológico

El concepto de un ser capaz de movimiento y autónomo, creado artificialmente, viene de lejos: ya aparece en remotos relatos mitológicos. Conviene aclarar que no estamos hablando de seres *animados*, en el sentido estricto de *dotados de vida*, palabra etimológicamente ligada, vía el latín, al protoindoeuropeo *anə-*, 'respiración'. No se trata, por lo tanto, de la creación de seres vivos 'entre los cuales, los humanos', presente en todos los mitos de la creación, sino de la creación de un *artefacto*, es decir, hecho con arte, donde el origen de la palabra *arte* también se remonta a una palabra protoindoeuropea con el significado de *arreglar*, *unir*. Hablaremos, por lo tanto, de seres artificiales que son *activados* en algún momento, pero por abuso del lenguaje también utilizaremos ocasionalmente el término *animados*. Con esta perspectiva tenemos que contemplar los mitos relacionados con la actividad industriosa de Hefesto, el dios griego del fuego y la forja, al crear los *automatones*, artefactos con forma humana o animal (o incluso de simples trípodes) que se mueven por sí solos, o del gran inventor humano Dédalo, el creador del famoso laberinto donde residía el Minotauro. Según el retórico griego Calístrato, Dédalo era capaz de dotar el oro de movimiento y de experimentar sensaciones, pero sus *automatones* no eran capaces de hablar.

Resulta revelador que en la comunidad robótica se hable a menudo del mito del escultor y rey de Chipre, *Pigmalión*, y su creación, *Galatea*, una estatua de marfil que materializaba su ideal de belleza femenina, de la que se enamoró profundamente. El artefacto se convierte en una mujer viva gracias a la intervención de la diosa Afrodita, conmovida por la pasión del escultor y la belleza de su creación. Tal vez el mito debe su popularidad al deseo de crear artefactos indistinguibles de los seres vivos, y para conseguirlo, aparte de la intervención divina, es necesario perseguir la perfección.

La intervención divina también está presente, de forma implícita, en el *gólem*, a través de su artífice, el rabino, un hombre de Dios. Son seres de barro, arcilla o piedras, con forma humana y habitualmente de gran altura (2 m), creados para desempeñar trabajos abrumadores y para proteger la comunidad judía de sus enemigos. Hay constancia escrita sobre el procedimiento para crear estos gólems desde el siglo

XII: hecha la figura, el gólem se activaba escribiendo uno de los nombres de Dios (los *shem*) en su frente, y algunos especifican que este nombre era *émet* (verdad), mientras que borrando la letra *aleph* este nombre se convertía en *met* (muerte) y el gólem volvía a su estado inerte original. Alternativamente, el *shem* se escribía en un papel que se introducía en la boca del gólem, que se desactivaba una vez que se volvía a sacar este papel. El más conocido es el gólem de Praga, por su tratamiento literario 'Gustav Meyrink, *El Gólem* (1915)' y cinematográfico (Paul Wegener presentó el mismo año 1915 su película homónima). El gólem del rabino Judah Loew ben Bezalel de Praga (s. XVI) introduce también la temática de la criatura artificial que se subleva y descontrola, y el rabino tiene que poner fin a su locura homicida. Este tema será recurrente en la robótica de la ficción. Conviene remarcar que la creación de los gólems no comporta ninguna transgresión de los mandatos divinos, no hay ningún pecado, y se puede decir lo mismo de la creación de los *homúnculos* (del latín *hombre-pequeño* u *hombrecito*) por parte de los alquimistas, que poseen los conocimientos necesarios para fabricar estos minúsculos ayudantes. El más conocido de todos ellos, el suizo Paracelso (1493-1541), afirmaba haber creado uno de unos 30 cm de altura, que pasado un tiempo se sublevó y escapó. En contraste con las criaturas de los mitos descritos anteriormente, las recetas para crear homúnculos incluían materia orgánica, y particularmente de origen humano (las mandrágoras, que a menudo entraban en la receta, también nacían del semen de los colgados, al pie de la horca).

En cambio, en la famosa novela escrita en 1810 (y publicada en 1818) por Mary Wollstonecraft Shelley, *Frankenstein, o El moderno Prometeo*, sí que se pone de manifiesto la transgresión, el pecado de soberbia de jugar con el fuego de los dioses. El Doctor Víctor Frankenstein utiliza fragmentos de cadáveres humanos para montar su criatura, la que activa con electricidad. El monstruo resultante, rechazado por la sociedad humana y por su propio creador, quien se negó a crearle una compañera, asesinó a sus seres queridos. La persecución acaba en el Polo Norte, donde Víctor Frankenstein muere de enfermedad y el monstruo se quita la vida. Con un final diferente, la representación iconográfica del monstruo que ha tenido más éxito es la del actor Boris Karloff, en la película *Frankenstein* de 1931.

El viejo Geppetto da forma (de niño) y nombre (Pinocho) a un tronco mágico, que había esculpido para hacer una marioneta de hilo y ganarse la vida. Él sí que actúa como un padre responsable: viendo que Pinocho se mueve y actúa como un niño, hace los sacrificios necesarios para comprarle un libro y todo lo necesario para escolarizarlo. Así comienza la conocidísima novela *Las aventuras de Pinocho, historias de una marioneta*, escrita por Carlo Collodi y publicada por folletines en la revista infantil *Giornale dei Bambini* en 1881 (y como libro en 1883).

En la adaptación cinematográfica más conocida, la de Walt Disney de 1940, es el Hada Azul (de Cabello Turquesa en la versión original) quien anima a la marioneta mientras Geppetto duerme, después de que este hubiera expresado su deseo de que Pinocho fuera un niño real. No deja de ser una recreación del mito de Pigmalión y Galatea, con la diferencia de que el Hada Azul no convierte la talla de madera en un niño de carne y hueso, sino que la marioneta animada tendrá que ganarse esta condición a pulso, con su buen comportamiento.

Figura 5. El rabino Löw y el Gólem, en una ilustración de Mikoláš Aleš (1899); frontispicio de la edición de 1831 de Frankenstein de la editorial Colburn and Bentley, London; figura en madera que reproduce al famoso protagonista de *Las aventuras de Pinocho*.

- En todos estos mitos e historias hay una serie de temas recurrentes que se recrearán en la robótica de la ficción, y que también se verán reflejados en los robots reales: el creador es un *especialista*. Empezando por Hefesto, que entre todos los dioses del panteón olímpico, es el que domina las habilidades manufactureras, los creadores de estos seres artificiales 'o como mínimo de su cuerpo' son personas con una preparación especial: escultores, rabinos, alquimistas, científicos... El equivalente a los ingenieros, científicos y programadores que crean a los robots actuales.

- La motivación para crear estos seres artificiales es primordialmente destinarlos a llevar a cabo trabajos abrumadores, pesados o monótonos, que fue en su momento uno de los motivos principales para desarrollar los robots industriales. La protección (el gólem, los homúnculos), así como el amor de pareja (Pigmalión) o el deseo de ser padre (Geppetto, en la versión Disney) son otras motivaciones que hoy en día se pueden ver reflejadas en los robots militares y los robots personales, respectivamente.

- La hibris o el orgullo excesivo que lleva a saltarse las normas humanas, naturales o divinas tiene su exponente más destacado en el doctor Frankenstein, que quiere equipararse a Dios (según una cosmovisión teísta) en su pretensión de crear vida. La hibris siempre viene acompañada del castigo del transgresor, y veremos este arquetipo repetido en la primera historia con robots. También es una metáfora sobre las consecuencias de desarrollar robots autónomos inteligentes si no se toman precauciones.

Los primeros robots

Explicar el origen de los robots en la ficción también es hablar del origen de la palabra. El 25 de enero de 1921 se estrenaba en el Teatro Nacional de Praga una obra dramática que añadiría una palabra nueva al vocabulario de la mayoría de las lenguas del mundo. La obra se llamaba *R.U.R. (Rossum's Universal Robots)* y había sido redactada el año anterior por el escritor checo Karel Čapek. El nombre de la obra es el de una empresa ficticia que se dedica a la fabricación de unos humanoides artificiales para ser utilizados como fuerza de trabajo eficiente y obediente, y que se llaman *robots*. Estos robots se manufacturan con materia orgánica, un tipo de protoplasma sintético, cuya fórmula es secreto de fábrica. Con este protoplasma se pueden fabricar diversos tejidos y órganos, que después se ajustan y se unen en la línea de montaje. La obra evoluciona desde el éxito inicial de la empresa hasta el desastre que supone la pérdida de capacidad reproductiva de los humanos, de alguna manera ligada a la omnipresencia de los robots en todo el mundo y al hecho de que todas las tareas sean realizadas por ellos. Se suma la rebelión de los robots y el exterminio de la humanidad que provocan de forma violenta. También los robots parecen destinados a la desaparición, ya que la fórmula para fabricarlos se ha perdido, hasta que una pareja de robots, macho y hembra, adquieren un alma y se convierten en unos nuevos Adán y Eva. La obra se representó por primera vez en inglés en el Garrick Theatre de Nueva York en 1922 por la compañía Theatre Guild. Al año siguiente se estrenó en el St. Martin Theatre de Londres y en el Theater am Kurfürstendamm de Berlín, y contaba ya con traducciones a 30 idiomas. En 1924 se estrenó en París, en el Théâtre Comédie des Champs-Élysées. La obra fue estrenada en catalán en 1928 en Barcelona (Foguet, 2003), y en castellano en 1930, en Madrid (Sáiz Lorca, 2002). *R.U.R.* se seguiría estrenando por todas partes, y también lo ha hecho en diversas adaptaciones este siglo XXI. La primera versión televisiva fue creada en 1938 por la BBC, que volvería a adaptar la obra en 1948.

Karel Čapek, mientras escribía la obra en 1920, no tenía muy claro cómo llamar a estos trabajadores artificiales, y le pidió opinión a su hermano Josef, que también era escritor y artista gráfico (diseñó la portada original de la primera publicación de *R.U.R.*). El hermano le sugirió la palabra *roboti*. El nombre checo *robota* significa trabajo, pero con una connotación significativa: se trata de un trabajo esclavo, propio de los siervos que en tiempos pasados estaban obligados a servir al terrateniente durante seis meses al año. Anteriormente, ya habíamos visto que estos seres artificiales se llamaban *automatones* por los antiguos griegos, palabra que también se utilizó para designar a los autómatas, y con un significado más restringido teníamos también los gólems y los homúnculos. En 1728, el escritor Ephraim Chambers publicó su *Cyclopaedia, o Diccionario Universal de*

Artes y Ciencias, donde figuraba el término *androide* como un *aparato con la forma o apariencia de un hombre.* Lo que es innegable es el éxito de la palabra *robot,* que con ligeras variantes ha encontrado un sitio en casi todas las lenguas, con las excepciones más notorias del árabe y el chino. La consagración definitiva vino en 1927 con la introducción de la palabra *robot* en el diccionario Oxford para designar una máquina electromecánica compleja.

Curiosamente, el mismo año del estreno de *R.U.R.,* se presentaba también la película italiana *L'uomo meccanico* (1921), dirigida por el director y actor francés André Deed. Se encontró una copia incompleta de la película, que se había dado por perdida, y fue restaurada en 1992 en la Cineteca di Bologna. La trama va de artefactos mecánicos humanoides teledirigidos, uno por una banda criminal para cometer robos, y otro igual controlado por los buenos, que acaban destruyéndose mutuamente en la lucha final. Tenemos que tener presente que en la película no se habla en ningún momento de *robots,* ya que la palabra todavía no había obtenido difusión internacional. Se tiene que destacar que los artefactos no son robots autónomos, sino que, en todo caso, serían telerrobots controlados remotamente. Un segundo punto interesante es que en la película se presenta el tema de los robots antagonistas, es decir, robot bueno contra robot malo, que aparecerá de forma recurrente en la ficción posterior (ex. *Mazinger Z* o *Terminator 2*). Y un tercer aspecto es la apariencia del artefacto: al bautizarlo como hombre mecánico, en contraste con el robot sintético pero aparentemente orgánico de *R.U.R.*, el androide en cuestión tiene un cuerpo metálico, internamente, pero también en su exterior. Este punto merece cierta consideración.

En la iconografía de los robots en la ficción, el cuerpo metálico ha ido prevaleciendo, en correspondencia con la idea de que son máquinas, y estas son mayormente metálicas. Aparte de *R.U.R.*, solo en fechas relativamente recientes se han añadido los cuerpos sintéticos no metálicos, como las carcasas de plástico de los robots de la película *Yo, robot* (2004), o los revestimientos indistinguibles de la piel en robots de apariencia humana (ex. *Terminator* (1984)), o cuerpos que también parecen humanos internamente (por ejemplo *Blade Runner* (1982)). Y aunque algunos robots metálicos pueden, como los coches, estar pintados de diversos colores, los grises, plateados y dorados destacan la naturaleza metálica de la mayoría de estos robots, desde la *ginoide* (robot con apariencia femenina) de la película *Metrópolis*, de la que hablaremos a continuación, hasta *C-3PO* de *La Guerra de las Galaxias* (1977). Esta apariencia está relacionada con cierta tradición literaria de hombres metálicos prerrobóticos, como *el hombre de vapor de las praderas*, de la novela homónima de Edward S. Ellis (1868), un autómata con forma de hombre-locomotora que tira de un carruaje, conducido por un chico, o de diversos personajes de las novelas de Frank Baum:

- El *hombre de hojalata*, de *El mago de Oz* (1900). Se trata de un leñador que ha ido perdiendo partes de su cuerpo, substituidas por equivalentes de lata, hasta que todo su cuerpo se ha convertido en metálico, y que echa en falta un corazón como sede metafórica de las emociones (aunque a lo largo de la trama resulta ser el personaje más compasivo). En pureza, un tipo de cíborg cada vez más robotizado. El hombre de hojalata saldrá en diversas obras de la serie de novelas sobre el mago de Oz, y será recreado, representado y parodiado en múltiples manifestaciones de la cultura popular.
- *Tik-Tok*, que sale por primera vez en la novela *Ozma de Oz* (1907). Tik-Tok podría considerarse el primer robot literario en el sentido más estricto, aunque, como ya hemos visto, máquinas como él no recibirán este nombre hasta unos 14 años más tarde. Con su cuerpo esférico, extremidades comparativamente esbeltas, y cabeza con sombrero y mostacho, se puede considerar un robot, no solo por su capacidad de hacer tareas diferentes, sino también porque puede reaccionar a estímulos externos y actuar en consecuencia. Pese a funcionar con mecanismos de relojería, como los autómatas, el robot de Frank Baum tiene un mecanismo para la acción física, otro para el habla, y un tercero para el pensamiento, por lo que (¡en la ficción!) puede cambiar de idea y hacer planes. La gran limitación de Tik-Tok es no ser

capaz de darse cuerda a sí mismo, y así depender de terceros para volver a tener energía. La forma de hablar entrecortada y sin entonación de Tik-Tok también se ha convertido en tópico de la prosodia de los robots de ficción. Tik-Tok todavía aparecerá diversas veces en la serie del mundo de Oz, y en *The scalawagons of Oz* (1941) es el superintendente de la fábrica de los *scalawagons*, que se pueden ver como un antecedente literario de los vehículos autónomos modernos.

- El *gigante de hierro*, que aparece en el mismo volumen en el que Tik-Tok hizo su debut. Este personaje, más un autómata que un robot, ya que repite mecánicamente la misma acción una y otra vez, tiene como misión proteger el acceso al palacio del Rey Nome, dejando caer un pesado mazo sobre el estrecho camino que lleva al palacio.

Finalizamos esta sección dedicada a los robots pioneros con la película que supuso la consagración definitiva del arquetipo del robot: *Metrópolis* (1927), dirigida por el director austríaco Fritz Lang, con guion suyo y de la escritora Thea von Harbou. Considerada uno de los hitos del cine expresionista alemán, en esta película muda en blanco y negro, un robot (en la película original todavía se habla de un *Maschinenmensch*, un humano-máquina) es construido por el inventor Rotwang para revivir, cuando menos artificialmente, a Hel, la mujer de la que estaba enamorado y que había muerto.

Pero Fredersen, el líder de la ciudad alta (la clase rica en la sociedad de Metrópolis), le obliga a que, en cambio, suplante a la líder de la ciudad baja, María, que es secuestrada y utilizada por Rotwang para transferir su aspecto al robot. Fredersen quiere utilizar a la María-robot para incitar a los trabajadores a crear disturbios y así tener la excusa para tener mano dura con ellos y explotarlos todavía más, pero Rotwang tiene sus propios planes y quiere destruir la ciudad con su máquina humana. Destacamos la oposición entre la María-robot como personificación de la prostituta de Babilonia, que vuelve locos a los hombres con sus bailes seductores, y la María humana, que con un carácter más bien evangélico predica la llegada de un mesías (el corazón) intermediario entre la clase alta (la cabeza) y los trabajadores (la mano), papel que interpretará Freder, el hijo de Fredersen, que se ha enamorado de ella y ha vivido la penuria que sufren los trabajadores.

Desde el punto de vista formal, se tiene que destacar que el robot creado por Rotwang tiene género, y es claramente femenino: incluso antes de adquirir el aspecto de María, el *Maschinenmensch* es claramente una *Maschinenfrau*, con pechos, curvas, y facciones más delicadas. Es, por lo tanto, la primera *ginoide*. Con *Metrópolis*, el terreno estaba abonado para que el subgénero de los robots empezara a coger impulso en el incipiente género de la ciencia ficción.

Figura 6. Fotograma de *L'uomo meccanico* **(1921).**

Robots malvados e Isaac Asimov

A finales de los años veinte y sobre todo durante las tres décadas siguientes, se hicieron tremendamente populares en Estados Unidos las llamadas *pulp magazines*, revistas con historias sensacionalistas, que solo buscaban entretener (aunque algunos autores consagrados también hicieron publicaciones). Sin embargo, se debe reconocer la creación de temas y conceptos dentro del género de la ciencia ficción, y más concretamente sobre los robots, que serán recurrentes en la literatura y cinematografía posteriores:

- Robots de especies alienígenas invasoras. Por ejemplo, Edmond Hamilton, en la serie *Across*

Space aparecida en la revista *Weird Tales*, septiembre 'noviembre de 1926 (Thomas, 2018) (todas las referencias a la revista *Weird Tales* son del mismo autor). También está la variante en la que los propios alienígenas son robots, como en *Corsairs of the cosmos*, abril de 1934.

- Cíborgs alienígenas (también invasores), como los *Eternal Ones* de *The Moon Era* de Jack Williamson, en la revista *Wonder Stories*, febrero de 1932 (Thomas, 2023).

- Científico loco que crea un monstruo robótico, con cerebro electrónico como en Edmond Hamilton, *Metal giants* en *Weird Tales*, diciembre de 1926, o, recreando la historia del monstruo de Frankenstein, implantando un cerebro humano en el robot, como en *The Iron Man* de Paul Ernst, en *Weird Tales*, junio de 1933.

- Creación de una ginoide como compañera sentimental, por ejemplo en Lester del Rey *Helen O'Loy* publicado en *Astounding Science Fiction* en diciembre de 1938.

- El robot bueno y autosacrificado, como en el relato *I, Robot* de los hermanos Earl y Otto (que firmaban como Eando) Binder, en *Amazing Stories*, enero de 1939, que iniciaría toda una serie con el robot protagonista y narrador.

Este robot compasivo ciertamente inspiraría al autor que más se asocia a los robots, lo que marcará un antes y un después, Isaac Asimov (1919-1992), que, según confesó él mismo, escribió *Robbie* después de haber leído este relato, reconociendo su deuda literaria con los Binder. Y a pesar de su oposición, el editor utilizaría el mismo título, *I, Robot* (1950), para la primera recopilación de relatos sobre robots de Isaac Asimov. El primer cuento con robots que publicó, *Strange Playfellow* (este es el título, puesto por el editor, con el que apareció en la revista *Super Science Stories*, en septiembre de 1940, originalmente se llamaba *Robbie*, nombre que fue recuperado en la mencionada recopilación) ya deja bien claro cuál será el carácter de su obra: las relaciones sociales entre humanos y robots, y las cuestiones éticas que se derivan. Estas relaciones se estructuran en tres capas en el relato en cuestión: la niña Gloria y el robot-niñera Robbie, los padres de Gloria, y la sociedad en la que viven, con sectores pro y antirrobot. En este relato y en los dos siguientes, las famosas Tres Leyes de la Robótica, que garantizan la seguridad de los humanos en relación con los robots, ya están implícitas, pero no se formularán hasta el relato *Runaround* (*Astounding Science Fiction*, marzo de 1942):

1. Un robot no puede hacer daño a un ser humano o, por inacción, permitir que un ser humano se haga daño.
2. Un robot tiene que obedecer las órdenes de los seres humanos, excepto si entran en conflicto con la primera ley.

3. Un robot tiene que proteger su propia existencia en la medida en que esta protección no entre en conflicto con la primera o la segunda ley.

Estas leyes forman parte de la estructura de cerebro *positrónico* (una licencia literaria del autor, no es ningún dispositivo real) de los robots y, por lo tanto, no se pueden desprogramar. Pese a considerarlas una formulación del sentido común, para evitar justamente la posibilidad de sublevación de los robots en contra de sus creadores, para Isaac Asimov no dejaban de ser un artefacto literario que le permitía desarrollar sus tramas literarias, sin ninguna pretensión de implementación en robots reales. Sin embargo, han resultado ser inspiradoras para todos los que, desde una perspectiva científica, social, jurídica o filosófica, estudian la ética de la inteligencia artificial y la robótica. Posteriormente, en la novela *Robots and Empire* (1985), Isaac Asimov incluirá una Ley Cero, siguiendo el esquema de dominancia de las leyes con números más bajos:

0. Un robot no puede hacer daño a la Humanidad o, por inacción, permitir que la Humanidad se haga daño.

En su vasta producción sobre robots, que incluye relatos, novelas y ensayos, podríamos destacar la novela *The Positronic Man* (1992), basada en el relato *The Bicentennial Man* (1976) y que sería adaptada al cine en *El hombre bicentenario* (1999) dirigida por Chris Columbus y protagonizada por Robin Williams, en la que un robot se va humanizando hasta convertirse en mortal. Isaac Asimov tocó una gran diversidad de temas relacionados con la robótica, y sus robots (casi siempre al servicio de los humanos) van desde el humilde robot ayudante de un trabajador hasta el extraordinario R. Daneel Olivaw, que vive muchos miles de años, tutorizando discretamente a los humanos a través de incontables generaciones en su expansión por la galaxia.

Figura 7. Cubierta de una típica revista popular de ciencia ficción (1952), donde el dibujante Earle Bergey ilustra la sumisión humana a los robots; otra ilustración de Earle Bergey muestra un amenazador robot nativo de un exoplaneta.

Clásicos modernos

Nuevos medios empezaron a hacerse eco de la creciente popularidad de los robots: el cómic, el cine y la televisión. Como hemos visto, el cine mudo ya había incorporado robots en un par de películas, pero no fue hasta los años 50 y 60 del pasado siglo que la ciencia ficción, y con ella los robots, empezaron a hacerse hueco en los carteles. Robots buenos o que sirven buenos propósitos, con nombre propio, como el impresionante robot extraterrestre *Gort* de *The day the earth stood still*, dirigida en 1951 por Robert Wise, el humorístico y sarcástico *Robby* de *Forbidden planet*, dirigida por Fred M. Wilcox en 1956 (volverá a salir en otras películas y series de televisión), o el emotivo robot *B9* de la familia Robinson en la serie de televisión *Lost in space* (1965-68).

El cómic y las series animadas también se van poblando de robots. Ya en 1936-37 Hergé, el famoso creador de *Tintín*, había sacado un álbum, *El Manitoba no contesta*, dentro de la serie dedicada a *Jo, Zette y Jocko,* en cuya portada se puede ver un robot destrozando lo que parece un laboratorio submarino. En realidad, se trata de un androide teledirigido, y su comportamiento errático se debe al hecho de que el mono *Jocko* se ha hecho momentáneamente con los controles. Para un público más adulto tendríamos que mencionar a *Barbarella* (1962), de Jean-Claude Forest, donde en una famosa viñeta la protagonista aparece en la cama con el robot Diktor, visiblemente complacida y, unos cuantos años más tarde, la serie de ciencia ficción y erotismo *Lorna* (1981-2006), de Cidoncha y Alonso Azpiri. Volviendo a un público infantil y juvenil, tenemos la figura recurrente del robot compañero del protagonista, como en *Dani Futuro* (1969) de Carlos Giménez y Víctor Mora. La figura del robot-niñera más icónico es la robot *Robotina*, con una cofia y un delantal, de la serie de dibujos animados de Hanna-Barbera *Los Supersónicos* (*The Jetsons*), que se empezó a emitir en 1962. Pero fue sobre todo en Japón donde triunfaron los mangas y los animes con robots. El veterano de todos ellos es el niño robot superhéroe *Astro Boy*, creado por Osamu Tezuka en 1952, que en 1963 pasó a la pequeña pantalla con una serie de anime, y a la gran pantalla en 2009. Otra serie muy longeva, que también empezó como manga (1969-1996) para pasar después a anime televisado internacionalmente (1973, 1979, y 2005 hasta hoy), es el famoso gato azul robótico del futuro *Doraemon*, de Fujiko F. Fujio. En este bloque de robots japoneses tenemos que mencionar también a *Mazinger Z*, creado por Goi Nagai (manga y anime 1972-74), una *mecha* (robot gigante controlado directamente por un humano, con la cabina de comando en la cabeza del robot), que con ayuda de la *mecha* ginoide Afrodita derrota sucesivamente a los robots del malvado Dr. Infierno. Hablando de robots gigantes en películas de animación, no podemos dejar de mencionar *El gigante de hierro* (dirigida por Brad Bird y estrenada en 1999), un robot alienígena con todas las de la ley: no solo puede percibir, razonar y actuar, sino que también es capaz de tomar una decisión con valor ético extremo, como es inmolarse para salvar una ciudad de un misil nuclear a punto de destruirla.

Volviendo a la gran pantalla y a Estados Unidos, en el año 1968 se estrenó una película que supuso la consagración de la ciencia ficción en el séptimo arte: *2001: Odisea del espacio*, dirigida por Stanley Kubrick y basada en parte en el relato corto *El centinela* (1948) de Arthur C. Clarke, coguionista de la película. La nave Discovery 1 está gobernada por un ordenador con inteligencia artificial, el HAL 9000, por lo que se puede considerar un vehículo robotizado. HAL comete un error, y al enterarse de que sus tripulantes lo quieren desconectar, decide eliminarlos, ya que piensa que la misión peligra si lo desconectan.

Con *La guerra de las galaxias* (1977), de George Lucas, y todas las que seguirían, una pareja de robots se haría enormemente popular: el androide C-3PO, y el pequeño robot cilíndrico R2-D2. No son solo compañeros entrañables de los protagonistas, sino que su intervención (sobre todo la de R2-D2) se convierte en decisiva a veces. En toda la serie salen muchos robots (droides de batalla, el esférico y efectivo BB-8...), pero por su personalidad y significación, C-3PO y R2-D2 se han ganado un sitio en el panteón de robots ilustres.

Alien: el octavo pasajero (1979), dirigida por Ridley Scott, empezó otra serie memorable de películas de ciencia ficción, donde aparecían androides idénticos a los humanos. El de la primera película pone en peligro a los tripulantes de la nave *Nostromo* defendiendo los intereses de la compañía propietaria, pero los de las secuelas apoyarán a la protagonista, la teniente Ellen Ripley (Sigourney Weaver).

Con *Blade Runner* (1982), también de Ridley Scott, se produce un nuevo salto cualitativo, al plantearse la deuda moral de los humanos con los *replicantes*, robots humanoides indistinguibles de sus creadores: aunque no pueden superar un test de respuesta emocional diseñado *ad hoc* para detectarlos, es evidente que son criaturas con sentimientos, con conciencia de su individualidad y sentimiento de injusticia ante su muerte programada y prematura. El discurso del líder y único superviviente de un grupo de replicantes rebeldes, Roy Batty (Rutger Hauer), justo antes de morir, entró en los anales de la historia del cine. En 2017 hubo una secuela, *Blade Runner 2049*, dirigida por Denis Villeneuve. Una detective replicante, Bruna Husky, es la protagonista de la trilogía de la escritora Rosa Montero, en un claro homenaje a *Blade Runner*.

En *The Terminator* (1984), dirigida por James Cameron, aparece la figura del robot como implacable perseguidor de la protagonista. En las secuelas, el mismo actor, Arnold Schwarzenegger, encarna, en cambio, a un robot del mismo modelo que protege al futuro líder de la resistencia humana contra el dominio de las máquinas.

Después de un par de precedentes televisivos, la figura del cíborg recibió su consagración cinematográfica en la película *RoboCop* (1987) de Paul Verhoeven, donde el cerebro de un policía, que ha sido asesinado, se reaviva en un cuerpo mecánico. Como en las leyes de Asimov, también tiene directrices implementadas en su cerebro; la cuarta le impide actuar en contra de los miembros de la empresa que lo ha construido, aunque estén realizando actos criminales. El conflicto entre el hombre y la máquina se da en la propia personalidad del protagonista, que en algún momento tiene que hacer valer la empatía que le queda como humano. El éxito de la película propició secuelas y un *remake* (en 2014). Cíborgs, en este caso alienígenas, encontramos también en la serie británica *Dr. Who* (que empezó en 1963) con los *Daleks*, que llevan un alienígena dentro de la máquina-armadura, y en la serie *Star Trek: La nueva generación* (1987-1994) con los temibles adversarios, los *Borg*. Ya que hablamos de esta serie, si hay un androide que se ha hecho un lugar en el corazón de los espectadores, este es indudablemente *Data*: se trata de un androide con un aspecto muy humano, con excepción del color de la piel y de los ojos. Tiene una fuerza y unas capacidades cognitivas superiores a las de los humanos, pero percibe sus dificultades para entender el sentido del humor como una gran carencia. Es muy leal a la tripulación de la nave

Enterprise en la que viaja y los salvará en muchas ocasiones. Su cerebro positrónico es un guiño de los guionistas a Isaac Asimov.

Una visión más madura

Después de la épica de las producciones de las últimas décadas del siglo XX (y las secuelas más recientes y nuevas versiones), muchas obras del presente siglo han tomado un curso diferente, incidiendo más en la psicología de los personajes, y sobre todo en las relaciones sociales que se han establecido con los humanos, hasta incluso en series de antagonismo heroico como *Galáctica, estrella de combate* (2004).

Obras que giran alrededor de robots con aspecto y comportamiento de niños humanos, como *A.I. Artificial Intelligence* (2001) de Steven Spielberg, *EVA* (2011) dirigida por Kike Maíllo, o la serie *Extant* (dos temporadas, 2014-15), aparte de despertar el instinto de protección en el espectador, también le hacen reflexionar sobre la posible ingenuidad de los niños robóticos, y como los humanos se aprovechan. No siempre los niños-robots despiertan sentimientos de ternura, como es el caso de la inquietante película *M3GAN* (2022). La figura del niño robot permite visualizar a los robots como descendientes o sucesores de la especie humana. Esta cuestión también se plantea en la película *Autómata* (2014) dirigida por Gabe Ibáñez, donde un robot se modifica a sí mismo, exhibiendo algo similar a la vida. El siguiente paso es mostrar un pensamiento independiente y conciencia, tema del cual es objeto el thriller psicológico *Ex Machina* (2014), escrito y dirigido por Alex Garland.

Incluso una película de animación para un público familiar como es *WALL·E* (Pixar por Walt Disney, 2004) contiene elementos de reflexión, como la degradación del planeta, o lo que puede implicar para los humanos una excesiva dependencia de sus robots. También en la película animada *Robots* (Blue Sky Studios, 2005) hay una crítica contra la codicia de cierto capitalismo que se quiere aprovechar de la necesidad de substituir partes estropeadas que tienen los individuos en una sociedad de robots.

Pero el tema estrella es el de las relaciones entre humanos y robots, en el escenario de un futuro más bien próximo, sean relaciones interpersonales, como en la película *Un amigo para Frank* (2012) dirigida por Jake Schreier, o en la serie estadounidense *Almost human* (2013), o alcanzando un espectro social más amplio, incluyendo la incidencia en el trabajo, la percepción de las familias (sofisticado electrodoméstico vs. uno más de la familia), las relaciones amorosas, y los grupos emergentes contrarios a los robots, como en la serie sueca *Äkta Människor* (Humanos reales) (2012) y su versión inglesa *Humans* (2015), la estadounidense *Westworld* (2016, *remake* de la de 1973), o la rusa *Better than us* (2018), así como de las novelas *The Windup Girl* de Paolo Baciglupi, *La mutación sentimental* de Carme

Torras, *Caront* de Jordi de Manuel, *Máquinas como yo*, de Ian McEwan, o *La Klara y el Sol*, de Kazuo Ishiguro.

Esto solo es una selección, nada exhaustiva (ni de lejos) de la gran cantidad de novelas, películas, programas de televisión, cómics, videojuegos, incluso anuncios, donde los robots han tenido protagonismo. Es una figura fascinante y, como dice el protagonista de la comedia romántica *Robots* (2023) dirigida por Hines y Christensen, al despedirse de su clon robot, mejor *persona* que él: *gracias por enseñarme cómo ser humano.*

Capítulo 3

El nacimiento y la evolución de los robots

Nace el robot industrial

El robot industrial es uno de los protagonistas principales de la llamada tercera revolución industrial (hacia 1969), que es la era de la *producción automatizada*, propiciada por las tecnologías de la información y las comunicaciones. Previamente, la humanidad ya había experimentado la primera revolución industrial (1760-80, Gran Bretaña), la de la *mecanización*, con la substitución a gran escala del trabajo artesanal manual por la introducción de máquinas, propulsadas por la energía hidráulica y por el vapor. También la segunda (1870), la de la *producción en masa*, gracias a la introducción de las líneas de montaje con cintas transportadoras, con una racionalización y especialización del trabajo, así como la adopción de los motores de combustión interna (con combustibles fósiles, sobre todo derivados del petróleo) y la electricidad como fuerzas motrices. Ahora se habla mucho de la cuarta revolución industrial, basada en la *inteligencia* (artificial), donde otros robots, más avanzados, también jugarán un papel fundamental.

El que se considera el primer robot industrial, el *Unimate* de George Devol, vino precedido de unas patentes que no llegaron a materializarse, pero que describen aparatos que cumplen *de facto* los requisitos para ser considerados robots. Las primeras corresponden a un robot con forma de pantógrafo: una patente de 1934 (año de solicitud, la concesión tardaba de 4 a 6 años) de Willard Lacey George Pollard Jr, *Máquina para pintar con espray*, y una de 1936 de W.L.V Pollard Sr (el padre del anterior), *Aparato de control de posicionamiento*. Otra patente, también de un aparato de pintura en forma de brazo serie, es de 1939, de Harold A. Roselund (propiedad de la compañía DeVilbiss) *Medios para mover pistolas de espray y otros dispositivos por trayectorias predeterminadas*. Otra patente, que precede a la de Devol en meses (marzo de 1954), es la del británico Cyril W. Kenward, de un robot bimanual tipo pórtico, avanzado en su tiempo. Su *Aparato de posicionamiento o de manipulación* preveía pinzas extraíbles y hasta la posibilidad de autorreplicarse (ver *Lecturas recomendadas* al final del libro).

En 1954, el prolífico inventor (el padre 'para algunos, el abuelo' de la robótica) George C. Devol Jr. (1912-2011) patentó lo que llamó *Transferencia programada de artículos* (U.S. Patent 2.988.237, aprobada y publicada en 1961), que fue el primer brazo robot real, cuyo control está basado en un sistema de grabación magnética y en un aparato de reproducción digital para controlar máquinas de su invención. En la descripción de la patente se destaca que el invento tiene la flexibilidad del trabajo manual (asumiendo que cierta tarea se repite un determinado número de veces) sin el coste de la mano de obra humana. También se destaca que permite la automatización, con la ventaja de no ser tan rígido como el control a través de un árbol de levas, mecanizadas *ad hoc*, con una inversión únicamente justificable si la misma tarea se repite decenas o centenares de miles de veces. Es decir, ya en el momento de su concepción se definía el nicho apropiado del robot dentro del ecosistema de la producción industrial: tareas que se ejecutaban un cierto número de veces, pero que variaban de vez en cuando. En la misma patente se utiliza el término que acuñó George Devol: *Unimation*, para **Universal Auto*mation***, y que más adelante daría nombre a la primera empresa de fabricación de robots. La máquina en cuestión estaba pensada para transferir piezas de un palé a una cinta transportadora, o de una máquina a otra, operación que hasta el momento no se había intentado automatizar, como sí que había pasado con otras tareas de los procesos industriales. Un par de características más, que con la tecnología actual siguen siendo parte fundamental de los robots, son el sistema de posicionamiento, basado en la detección de lo que se ha desplazado cada eje del mecanismo, la posibilidad de que los movimientos de los ejes sean compuestos y coordinados (no necesariamente secuenciales), y que el programa se guarda en un sistema (aquí un tambor magnético) que permite la reescritura fácil tan pronto como se necesite cambiar la tarea. La mujer de George Devol, Evelyn, sugirió llamar a este aparato *Unimate*.

En 1956 conoció a Joseph Engelberger (1925-2015), quien, entusiasmado con el invento "'¡Esto me suena a un robot!", exclamó (A3, 2023)' y sus posibilidades, le proporcionó una salida comercial, por lo que también se le considera el padre de la robótica industrial. Consiguió interesar a la empresa Condec en dar continuidad al desarrollo del robot, creando una nueva división, *Unimation Incorporated*, presidida por el mismo Engelberger. Entusiasta de los relatos de Isaac Asimov, parte de su exitosa estrategia comercial fue, siguiendo las famosas leyes, hacer que los robots substituyeran a los humanos en tareas peligrosas para evitar que padecieran accidentes (A3, 2023).

Figura 8. Un robot Unimate sirve bebidas a Joseph Engelberger y George Devol, hacia 1962.

En el año 1961 se instaló el primer robot operativo en una planta industrial. George Devol, que mientras tanto había seguido introduciendo mejoras en sus prototipos, como la substitución de tubos de vacío por transistores (más fiables y mucho más pequeños) como interruptores electrónicos en el controlador, había vendido personalmente el primer Unimate a General Motors. Este robot, de 1800 kg de peso y accionamiento hidráulico (ver el Capítulo 4), fue instalado en la planta Inner Fisher Guide de General Motors, en Ewing, Trenton (Nueva Jersey), para transportar piezas metálicas extremadamente calientes (acabadas de salir de un proceso de fundición a presión) a un tanque refrigerante. Estas piezas de automóvil (sobre todo tiradores de aluminio de puertas, pero también otras) podían llegar a los 18 kg de peso. Después de funcionar durante 100 000 horas durante 10 años de forma ininterrumpida, este primer robot fue donado en 1971 a la *Smithsonian Institution* para su conservación y exhibición.

También en 1961 empezó la producción en masa de robots, con el robusto modelo Unimate 1900, que tenía una capacidad de carga de hasta 227 kg. Esto le permitía manejar las pesadas pinzas de soldadura por puntos, una de las tareas primordiales en la industria del automóvil. Sin embargo, se seguían utilizando en aplicaciones de fundición a presión, y se instalaron 450 unidades en poco tiempo. En la feria comercial del Chicago's Cow Palace de 1961, el Unimate 1900 fue presentado en sociedad. Y cinco años más tarde, su notoriedad se disparó, al ser presentado en televisión, en el *Tonight Show* de Johnny Carson, donde realizó una serie de trucos (acertar lanzando una pelota de golf en un vaso, servir cerveza, y dirigir la banda musical del show). También en 1966, Engelberger otorgó la licencia a la finlandesa Nokia para fabricar y vender el Unimate por Escandinavia y Europa del Este, y en 1969 a la japonesa Kawasaki Heavy Industries, por el mercado asiático. Mientras tanto, General Motors remodelaba toda su planta de Lordstown, Ohio, para instalar robots de soldadura por puntos, y así doblar la producción de automóviles

(110 unidades por hora) de cualquier planta del mundo en aquel momento. Esto animó a los fabricantes europeos de coches (BMW, Mercedes-Benz, Volvo, British Leyland y Fiat) a utilizar robots Unimate (A3, 2023).

En nuestro país, el primer robot fue instalado en 1974 en la planta SEAT en la Zona Franca, también para manipular piezas de fundición (García et al. 2011), y en la siguiente década se publicó un libro pionero (Ferraté et al. 1986), coordinado por el entonces rector de la Universidad Politécnica de Cataluña, que cubría los diferentes aspectos de la robótica industrial, desde la estructura mecánica de los brazos robot, su control y programación, hasta temas avanzados de percepción, planificación, manipulación y aprendizaje.

Aparte de los brazos robóticos, hay otro tipo de robot muy importante en relación con el transporte interno y la logística en una planta industrial: el vehículo de guiado automático (AGV por su acrónimo en inglés). Y así como se califica a George Devol de padre (o abuelo) de los brazos robots industriales, este honor corresponde a Arthur M. Barrett para los AGV. En 1954 también inventó el *Guide-O-Matic*, un vehículo sin conductor que seguía la señal emitida por un cable montado en el techo de la planta industrial o almacén, con la ayuda de unas válvulas de vacío. Poco tiempo después, los cables irían por un canal o bajo tierra (Trevilcock, 2010). Tan solo un par de años más tarde, la empresa británica *EMI* proveía unos AGV dotados de sensores ópticos, que podían seguir una línea pintada en el suelo. El mismo principio se utilizaba en los AGV suministrados por las empresas alemanas Jungheinrich y Wagner Fördertechnik en los años 1962 y 1963. Estas dos tecnologías, cable emisor bajo tierra y línea pintada con sensores ópticos a bordo, serían dominantes durante los próximos años en el mundo de la logística automatizada.

Figura 9. El Guide-O-Matic de Arthur M. Barrett (1954); un AGV con sensores ópticos y su remolque.

Pronto empezaron a aparecer nuevas empresas fabricantes de robots, mientras el parque de robots industriales instalados iba creciendo y sus aplicaciones se iban diversificando. Mientras tanto, se había ido desarrollando otro tipo de robot durante las mismas décadas, pero todavía no lo suficiente como para salir de los laboratorios de investigación: el robot de servicios.

Primeros pasos del robot de servicios

Robot de servicios es un término que a menudo se utiliza para definir un tipo de cajón de sastre donde van a parar todos los robots que no son industriales. En el Capítulo 5, dedicado a las aplicaciones de los robots, seremos más precisos; de momento quedémonos con la idea de que se trata de robots que tendrán que moverse por entornos no tan estructurados como el industrial (con más caos ambiental y más imprevistos), y probablemente tendrán que interactuar con humanos. Es evidente que estos requerimientos complican mucho el diseño y funcionamiento efectivo de estos robots.

La tecnología todavía no estaba lista, pero entre finales de los años 20 y principios de los años 50 del siglo XX se popularizaron una serie de andróminas con aspecto de robot humanoide que, a través de mecanismos teledirigidos con señales sonoros o luminosos, eran capaces de realizar un repertorio limitado de acciones fijas: movimientos de las extremidades (e incluso de los dedos), sentarse y levantarse, emitir frases pregrabadas, o fumar (¡eran otros tiempos!). La Tabla 1 recoge algunos ejemplos.

Año	Nombre	Inventor/ Compañía	Características
1927	Televox	Westinghouse Electric and Manufacturing Company (EUA)	Muy primario, recubierto con una figura plana de cartón
1929	Telelux		Primario, pero tridimensional
1929	Katrina		Aspecto de niña
1930	Rastus		Apariencia de un hombre afroamericano, más expresivo
1931	Willie Vocalite		Capaz de responder a órdenes orales
1938	Elektro		120 kg y 2,1 m, presentado en 1939 en la Feria Mundial de Nueva York. Mueve las extremidades y la cabeza, responde a preguntas
1940	Sparko		Perro que acompaña a *Elektro* en exhibiciones posteriores (hasta principios de los años 1960)

→

1928	Eric	William Richards y Alan Reffell (UK)	Capaz de levantarse, hacer una inclinación, reemitir un discurso recibido por radio. Llevaba las letras R.U.R. en el pecho
1930	George		Versión mejorada del anterior
1932	Alpha	Harry May (UK)	Ojos enormes, versiones alternativas como *Roboter* o *Astra*
1933	Mr Ohm Kilowatt	Earl Kent (EUA)	Camina, habla, fuma y escupe fuego. Aspecto muy poliédrico
1938	Sabor IV	August Huber (Suiza)	Camina sobre pies con ruedas, habla por un altavoz sincronizando el movimiento de los labios
1949	George	Tony Sale (UK)	Podía caminar, sentarse, girar la cabeza, mover los brazos y la mandíbula, controlado remotamente

→

1953	El Chispas	Antoni Gual Segura (Vilafranca del Penedès)	Movía los brazos, hablaba a través de un altavoz y tenía un ojo de buey en el ombligo donde se veían saltar chispas
1953	Garco	Harvey G. Chapman Jr. Garrett Corp. (EUA)	Reproduce los movimientos teledirigidos por un brazo de control, y el habla a través de un sistema de radio

Tabla 1. Algunos protorrobots humanoides. Extraídos del sitio web *Ciberneticzoo.com* (ver comentario en *Lecturas recomendadas*) y (Carper, 2019).

Figura 10. El robot George desayunando con su creador William Richards en Berlín, 1930; reproducción del robot Elektro y su perro Sparko en el Senator John Heinz History Center, Pittsburgh, EUA.

Pero todos estos humanoides no pueden ser considerados propiamente robots, ya que no actúan respondiendo a estímulos externos en función de un programa, sino que más bien están a medio camino entre una marioneta sofisticada (los que son controlados remotamente) y un autómata con componentes electrónicos. Los primeros robots autónomos revestirían una forma mucho más humilde: la de una tortuga.

William Grey Walter (1910-77), nacido en Estados Unidos, pero nacionalizado británico, fue neurofisiólogo, cibernético, y robótico. Entre 1948 y 1949 desarrolló lo que llamó *Machina speculatrix*, de forma genérica, y dio los nombres propios Elmer y Elsie (acrónimos formados a partir de *electromechanical robot, light sensitive*), pero que eran más conocidos como tortugas, debido a su forma y a la reducida velocidad a la que se movían. Eran pequeños vehículos triciclos, con un motor eléctrico de propulsión y otro de dirección, con un sensor de luz y uno de contacto, y un computador analógico con dos tubos de vacío (Gasperi, 2023). Grey Walter pretendía demostrar con estos aparatos que pocas neuronas, pero con un número elevado de conexiones, podían mostrar comportamientos complejos. La luz se utilizaba para guiar a los robots hasta su fuente de alimentación, mientras que el sensor de contacto permitía percibir obstáculos inmediatos. Entre sus numerosos experimentos se puede citar la inclusión de dos circuitos de reflejos condicionados en una de las tortugas, que le permitieron estudiar comportamientos como los de los famosos perros de Pavlov. Así como Alan Turing y John von Neumann formularon sus explicaciones del funcionamiento de los procesos mentales en términos de computación digital, Grey Walter siempre utilizó la electrónica analógica. Sus trabajos inspiraron a investigadores sobre robótica basada en comportamientos, como Rodney Brooks. También inspiró a la tortuga *Logo* de Seymour Papert, para enseñar a los niños a pensar y resolver problemas en un ambiente de juego, que utilizaba el lenguaje de programación Logo desarrollado por él mismo en el *MIT*. Por todo el mundo aparecieron muchas otras tortugas cibernéticas en diversos laboratorios de investigación (así como otros animalitos, perros, etc.) a lo largo de los años. Pero aquí haremos un salto temporal y cualitativo, y nos situaremos en la segunda mitad de los años 1960 con un robot que incorporó por primera vez la incipiente *inteligencia artificial.*

En 1966 empezó el proyecto *Application of intelligent automata to reconnaissance* del Stanford Research Institute, más conocido por el robot que se desarrolló, *Shakey.* Dirigido por Charles Rosen, Nils Nilsson, y Peter Hart, el proyecto duró hasta 1972, y se construyeron dos versiones del robot. Se trataba de una plataforma móvil sobre ruedas (dos ruedas accionadas por motores paso a paso, y dos ruedas pasivas de orientación libre), equipada con una cámara, sensores de profundidad, sensores de contacto y un transmisor-receptor de radiofrecuencias, así como de una barra con la que empujaba objetos mientras se desplazaba. Llevaba a bordo tanto el sistema para dirigir la cámara como el ordenador, donde se ejecutaban todos los programas de control. El *software*, escrito con los lenguajes de programación *LISP* y *Fortran*, incluía las rutinas de procesamiento de las imágenes que captaba (para detectar paredes, esquinas, puertas, etc., de su entorno), algoritmos de navegación y búsqueda en grafos (por ejemplo, para calcular el camino más corto), y una inteligencia artificial rudimentaria en forma de planificador de tareas *STRIPS*, que permite encadenar diversas acciones para resolver una tarea determinada. Esta capacidad de planificación, junto con la capacidad de aprendizaje que se incorporaría posteriormente en nuevos robots, es lo que supone el paso del robot autónomo al robot inteligente. En definitiva, robots con capacidades cognitivas que emulan a las humanas, aunque en entornos muy restringidos. En contraste con estas nuevas e impresionantes capacidades, se tiene que decir que el nombre le vino por la manera temblorosa con la que se desplazaba (*to shake* = agitar en inglés).

Figura 11. El robot móvil *Tortuga* de William Grey Walter, hacia 1950; el robot Shakey del Stanford Research Institute (1972).

Las tortugas de Grey Walter y el robot *Shakey* marcaron dos tendencias, dos perspectivas sobre lo que serán los robots autónomos, tal y como se desarrollaron en los laboratorios de investigación: por un lado, el robot simple, de arquitectura conductual basada en comportamientos reactivos básicos; y, por otro lado, el robot inteligente, con capacidades cognitivas superiores. Los primeros también están asociados a una explotación de la biomimesis, sobre todo en lo que se refiere al *hardware*, en el cuerpo del robot, y llevarán al desarrollo de robots de servicios que ya gozan de proyección comercial, como los robots-aspiradora. Los segundos son, evidentemente, más complejos, pero también serán mucho más relevantes en cuanto a las interacciones sociales entre humanos y robots, gracias a su comportamiento más rico y sofisticado. Los dos paradigmas ocupan sus nichos dentro del ecosistema robótico-social, y seguiremos viendo los hitos que se alcanzaron, pero de momento volvamos a los robots industriales.

Expansión

El despegue de la robótica industrial se produjo de lleno cuando aparecieron nuevos fabricantes de robots y se produjo una diversificación de tareas, no solo en el sector automovilístico, sino también tímidamente en otros sectores de la industria. Que la industria del automóvil fuera pionera en la robótica industrial no nos tiene que extrañar: tiene suficiente envergadura para arriesgarse explorando nuevas formas de producción, es una industria cuyo producto está sometido a continuas innovaciones tecnológicas y, por lo tanto, ya tiene un carácter innovador; aparte de que esto hace que las tareas deban variar cada cierto tiempo, es un sector altamente competitivo y pequeñas mejoras en los costes de producción pueden repercutir muy favorablemente en los precios del producto, e incluye muchas tareas que por su peligrosidad, condiciones ambientales, etc., hacen recomendable que las realicen máquinas en lugar de personas.

Los primeros competidores de Unimation aparecieron también en Estados Unidos. La empresa *American Machine and Foundry* (*AMF*) había empezado en 1958 un proyecto de investigación y desarrollo de un sistema de transferencia de piezas, que llamaron *Versatran* (de **Versa***tile* **Trans***fer*), y el resultado fue el robot hidráulico homónimo de coordenadas cilíndricas diseñado por Harry Johnson y Veljko Milenkovic (las patentes son de principios de 1960). En 1963 ya habían instalado las primeras unidades en una planta de forja de Ford en Canton, Ohio (Gasparetto y Scalera, 2019), y le tomaron la delantera a *Unimation* en lo que respecta a la presencia en Japón, ya que exportaron el primer robot en este país en 1967, el mismo año en el que también vendieron la primera unidad en Gran Bretaña. Como curiosidad, un robot *Versatran* aparece en la película *Naves* *misteriosas* (1972) jugando al billar con la tripulación. Tanto los *Unimate* como los *Versatran* se programaban guiándolos manualmente a lo largo de los puntos significativos para la realización de la tarea, y estos puntos de paso se grababan en cintas magnéticas.

La transferencia de piezas por parte de sistemas automatizados no solo tiene sentido cuando las piezas son pesadas y/o están a temperaturas elevadas, sino también cuando involucra una serie de tareas repetida un número elevado de veces, lo que hace que sea monótona y alienante. Este hecho inspiró a Edwin F. Shelley para desarrollar y patentar en 1959 (concedida en 1961) el *Servosistema automático para manipulación y montaje*, la materialización de lo que fue *TransfeRobot*. Heredando el concepto de programación de las máquinas de control numérico, el posicionamiento del *TransfeRobot* estaba basado en el uso de servomotores en lazo cerrado, con transductores electroópticos, sistema utilizado por la mayoría de robots posteriores. Diversas unidades de este robot de coordenadas cilíndricas fueron instaladas en fábricas de relojes, máquinas de escribir y automóviles, por la empresa *US Industries* donde trabajaba Shelley. En 1963, debido a problemas financieros, *US Industries* decidió cesar la actividad en el sector del robot.

Los laboratorios de investigación continuaban proveyendo nuevos desarrollos con un uso potencial para la incipiente industria robótica. Entre finales de los años 1960 y 1981, el Departamento de Inteligencia de

Máquina y Percepción de la Universidad de Edimburgo desarrolló e investigó con los robots *Freddy I* y *II*, la segunda versión consistente en unas pinzas orientables con movimiento vertical y una mesa de posicionamiento (es decir, con movimiento en el plano). Estos robots coordinaban sus movimientos con lo que percibía su sistema de visión, y eran capaces de montar todo un ensamblaje a partir de una pila desordenada de piezas. Para facilitar la programación, Pat Ambler y Robin Popplestone, dos de los investigadores de este proyecto, desarrollaron el lenguaje de programación de robots *RAPT*, que permitía especificar el comportamiento deseado del robot en términos de relaciones entre objetos. En el otro lado del Atlántico, Victor Scheinman construyó en 1969 el llamado *Stanford arm*, mientras estaba en el *Stanford Artificial Intelligence Laboratory* (*SAIL*). De configuración polar (ver el Capítulo 4), sus seis ejes estaban actuados por motores eléctricos de corriente continua, controlados por un microprocesador *PDP-6* (Gasparetto y Scalera 2019). Sus potenciómetros y taquímetros permitían el control de posición y de velocidad. Tan solo 4 años más tarde fundó la empresa *Vicarm Inc.*, dedicada a la fabricación del robot homónimo, un brazo ligero pensado para aplicaciones de montaje. La empresa fue adquirida más adelante por *Unimation*, y *Vicarm* fue la base para el desarrollo del robot *PUMA*, del que hablaremos más adelante. Scheinman también desarrolló un lenguaje de programación de robots, *VAL* (*Victor's Assembly Language*), que evolucionó hasta convertirse en el sistema operativo *V*+ de los robots *Adept* en los años 2000 (hoy en día, utilizan el lenguaje *eV*+).

La diversificación se manifiesta también en el desarrollo del primer robot de pintura, en la empresa noruega *Trallfa* de fabricación de carretillas, fundada por Nils Underhaug en 1941. En 1964, un empleado suyo, el joven ingeniero Ole Molaug, le presentó su primer diseño de un robot para pintar con espray, y recibió luz verde. En 1967 se presentó el robot *Trallfa*, plenamente operativo, pintando los contenedores de las carretillas que iban desfilando por la cinta transportadora. De coordenadas articulares, cinco grados de libertad, y actuado hidráulicamente, este robot introdujo también el concepto de la realización de una tarea a lo largo de una trayectoria, y no solo en determinados puntos discretos. La empresa decidió entrar en la producción de robots, y en 1969 vendió el primer robot para la aplicación de esmalte en bañeras de la empresa sueca *Gustavsberg*. Finalmente, *Trallfa* fue adquirida por el gigante sueco de los robots *ASEA* en 1985.

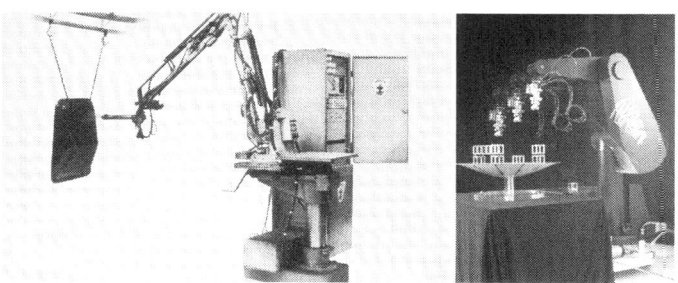

Figura 12. El robot *Trallfa* pintando una carretilla; un robot *Unimate 500 PUMA* en tres poses sucesivas, Ames Research Center, Mountain View, California.

El inicio de la década de 1970 coincidió con la entrada de diversas empresas en el sector de la fabricación de robots. En 1973, la empresa alemana de fabricación de equipos de soldadura *KUKA* debutó con su robot *Famulus*, de coordenadas articulares y seis grados de libertad actuados por motores eléctricos, y el siguiente año lo hizo la estadounidense *Cincinatti-Milacron* con su *T3* (por *The Tomorrow Tool*), y la sueca *ASEA* con el *IRB-6*, capaz de controlar trayectorias continuas utilizando un microprocesador Intel, lo que lo capacitaba para hacer soldaduras por arco o tareas de mecanizado (Gasparetto y Scalera 2019). Entre 1975 y 1992 se vendieron 1900 unidades de este robot, que solo sería el primero de toda una gama de robots industriales, de un característico color naranja. *ASEA* se fusionó en 1988 con la suiza *Brown Boveri,* formando el actual gigante *ABB*, que todavía tiene una presencia muy destacada en el sector de la robótica industrial. También se estudiaron y construyeron robots con otros tipos de coordenadas, como el cartesiano *SIGMA* de los italianos Salmon y d'Auria, de la firma *Olivetti* (1974). Hacia finales de la década, en 1978, la empresa pionera *Unimation* hizo suyo el dicho de renovarse o morir, y sacó el brazo robot *PUMA* (acrónimo de *Programmable Universal Machine for Assembly*), con tres modelos diferentes. Este brazo articulado de seis ejes, actuado por servomotores eléctricos, se convirtió en un icono del robot industrial, ilustrando las portadas de libros especializados. La empresa *Westinghouse* continuó su producción cuando adquirió *Unimation* en 1982, y la sección robótica de esta empresa pasó a la suiza *Stäubli* en 1989, que de hecho ya fabricaba robots desde 1982. *PUMA* también hizo una aparición en el cine, en la película *El chip prodigioso* (1987).

La década de 1970 no se despidió sin conseguir un objetivo que revolucionaría el mundo de la robótica industrial, posibilitando el acceso de la tecnología robótica a nuevos sectores y aplicaciones. Efectivamente, en 1978 vio la luz el primer robot SCARA (ver Capítulo 4): creado por Hiroshi Makino, de la universidad japonesa de *Yamanashi*, que creó un consorcio de empresas para financiar los prototipos. El robot *SCARA* tiene una cinemática simple que lo hace mucho más fácil de controlar, y las grandes velocidades que puede alcanzar, junto con su precisión, lo hacen especialmente indicado para el montaje de piezas pequeñas, como las de los circuitos electrónicos. Los SCARA son robots de construcción más económica, lo que facilitó su difusión, e indirectamente potenció la producción en masa de aparatos electrónicos. Tanto Fujitsu como Toshiba estaban en el consorcio, y empezaron a fabricar robots SCARA a raíz del éxito de los prototipos. Fueron introducidos en cadenas comerciales de ensamblaje en 1981 en Japón. El salto internacional lo protagonizó el *Sankyo Skilam*, de Nidec Sankyo Inc., que fue vendido por IBM en Estados Unidos como *IBM 7353*. Empresas de otros países también se apuntaron a la tecnología de los SCARA, como por ejemplo la estadounidense *Adept*, fundada en 1983 por Bruce Shimano y Brian Carlisle. Ya en 1984 producían el robot SCARA *AdeptOne*. Mientras tanto, durante la década de 1980, Japón fue testigo de una rápida y profunda robotización del sector industrial. De hecho, ya en 1971 se había creado en el país del sol naciente la primera asociación nacional de robótica, la JIRA (más tarde JARA). La estadounidense *Robotic Industries Association* (RIA) se creó en 1974, y la *International Federation of Robotics* (IFR) en 1987. La verdadera consolidación del liderazgo de Japón en este sector se produjo durante la década de 1980, en cuyo final había 40 empresas fabricantes de robots en este país, entre ellas las que lideran el sector a día de hoy, como *Fanuc, Yaskawa Motoman,* o sobre todo *Kawasaki*, que empezaría a fabricar sus propios robots eléctricos en 1981, y en 1984 acabaría su relación con *Unimation*. También a nivel mundial, el crecimiento del parque de robots instalados había sido más que notable: de 40 000 unidades en 1981 a unas 560 000 en 1992. De estas, un 60 % aproximadamente estaban en Japón. Como último apunte, una cuarta parte de los robots japoneses eran de tipo SCARA (Makino, 2014).

Puestos a innovar con la estructura cinemática de los robots, Reymond Clavel presentó en 1981 su tesis doctoral en la École Polytechnique Fédérale de Lausanne (EPFL) sobre el diseño de un robot de estructura paralela (a diferencia de los brazos serie vistos hasta ahora), con tres paralelogramos que confluyen en el elemento terminal, con tres

grados de libertad de traslación y uno rotacional
(ver Capítulo 4). Pagando el precio de un espacio de
trabajo más reducido, esta estructura permite ganar
en precisión y rapidez, lo que los hace especialmente
indicados para tareas de ensamblaje y de "coger-y-
colocar". Esta estructura recibe el nombre de robot
Delta, pero no fue hasta 1992 que una compañía,
la suiza *Demaureux*, desarrolló un robot Delta y lo
montó en una instalación de "coger-y-posicionar",
significativamente llamada *Presto*. A partir de aquel
momento, los robots Delta gozaron de una gran
difusión, incluyendo fabricantes como *ABB*, que sacó
su *IRB 340 Flexpicker* en 1999.

A partir de los años 1980, la mayoría de los motores
de los robots pasaron a ser eléctricos, en substitución
de los accionamientos hidráulicos utilizados hasta
entonces para aplicaciones que requerían una gran
capacidad de carga. El pistoletazo de salida lo dio
la empresa japonesa *Nachi* introduciendo en 1980
el primer robot de soldadura por puntos totalmente
eléctrico (McMorris, 2023). También fue la década
en la que se empezó a hacer un uso cada vez más
extensivo de los sistemas de visión artificial en las
instalaciones con robots: en 1981, *General Motors
Consight* instaló un sistema que permitía distinguir
entre seis tipos de fundición diferentes en una factoría
en Saint Catharines, Ontario. Esto llevó también
a la aparición de una nueva industria de ayuda a la
robótica especializada en sistemas de visión por
computadora.

Durante toda esta época, entre la década de 1970 y principios de 1990, los vehículos automáticos, los AGV, también experimentaron una notable expansión. Seguían siendo básicamente los sistemas filoguiados y ópticos antes descritos, aunque los basados en cables inductivos ganaron preeminencia. Pero gracias al hecho de que los microprocesadores facilitaban su programación y permitían una mayor sofisticación en la gestión del tránsito de múltiples vehículos, junto con una mayor capacidad de las baterías, contribuyeron a su integración en cadenas de montaje. Sin embargo, seguían siendo sistemas poco flexibles, ya que sus trayectorias no podían salir de los recorridos de los cables soterrados, y la crisis de principios de la década de 1990 llevó a una desaceleración en la implantación de estos sistemas.

Los últimos años del siglo siguieron siendo testimonio de continuos avances tecnológicos en la robótica industrial, aunque no tan espectaculares como los mencionados en los párrafos anteriores. Se deben sobre todo a las prestaciones crecientes de los microprocesadores y de las comunicaciones, y buscan facilitar la programación y abaratar el coste de los robots, con la idea de ir conquistando nuevos sectores industriales más allá del automovilístico y de otros afines. En esta línea podemos mencionar el uso de redes locales con control distribuido, así como el uso de PC para controlar robots.

Evidentemente, como cualquier otro sector, el de los robots industriales también está sujeto a las fluctuaciones de la economía: así, mientras que en 1990 se alcanzó una cifra de venta de robots de casi 80 000 unidades/año a escala mundial, la recesión de 1991-93 provocó el descenso de esta cifra hasta las 55 000 unidades/año en 1993. Pero ya en 1996 se habían vuelto a alcanzar e incluso superar los niveles de 1990, con 80 500 nuevos robots vendidos aquel año (IFR, 1998). En el año 1999 se vendieron 81 500 nuevos robots, y el parque mundial de robots operativos era de 742 500 unidades en todo el mundo (UNECE, 2000).

Los robots de servicios salen al mundo (y a otros mundos)

Desde 1960 hasta finales del siglo XX, los laboratorios de investigación y los departamentos universitarios especializados en robótica se multiplican en todos los países desarrollados. Los prototipos y avances que se producen vuelven a dar lugar a productos que dan los primeros pasos fuera de los entornos controlados de los laboratorios. Hablaremos bastante en el capítulo dedicado a las aplicaciones, mientras que aquí solo indicaremos algunos hitos históricos.

Tiene mucho sentido utilizar robots cuando se trata de explorar entornos hostiles en la vida humana. La gran mayoría de los robots de exploración submarina o espacial están teledirigidos por un humano, y tienen solo cierta autonomía en cuanto al nivel de control más básico. Pero también hay robots autónomos, sobre todo en caso de exploración de un astro distante como Marte. En relación con los robots submarinos operados remotamente, ya en 1953 el inventor estadounidense William E. Denny construyó un robot teledirigido, *Archie*, para rescatar tesoros y materiales valiosos de los naufragios, pero no hay constancia de que llegara a ser operativo. Pero unos diez años más tarde, la compañía estadounidense *Hughes Aircraft* desarrolló dos robots, *MOBOT* (1962) y *UNUMO* (1964), para la localización de bocas de pozo de petróleo para la *Shell Oil*. Los robots submarinos se multiplicaron, tanto para investigación como para explotación comercial, y podemos destacar los *CURV* de la marina estadounidense (1964) desarrollados para recuperar material militar hundido, uno de los cuales fue utilizado en 1966 para recuperar la bomba atómica de hidrógeno hundida delante del pueblo costero de Palomares a causa del accidente del avión B-52 que la transportaba. En cuanto a los robots autónomos, ya en 1957 se desarrolló el primer vehículo submarino autónomo (AUV, por su acrónimo en inglés) en la Universidad de Washington: el *Self-Propelled Underwater Research Vehicle (SPURV)* fue utilizado para estudiar la difusión, la transmisión acústica, y las perturbaciones originadas por los submarinos. En los años 1970, el MIT desarrolló diversos prototipos, más o menos en la misma época en la que lo hizo la URSS. Los soviéticos fueron pioneros en la exploración de cuerpos extraterrestres con el programa *Lunokhod*, que colocó dos astromóviles robóticos sobre la superficie de la luna en 1970 y en 1973. Después del fracaso del programa *Fobos*, de situar dos robots sobre la homónima luna de Marte (1988) y pese al éxito de las sondas *Venera* sobre Venus (1965-83), la preeminencia en la exploración espacial pasó a manos estadounidenses, que consiguieron situar la sonda *Mars Pathfinder* en el planeta Marte en 1997 y soltar el robot de exploración *Sojourner*. Esto fue el preludio del éxito todavía más memorable de los robots de exploración de Marte que veremos en el Capítulo 7.

Figura 13. **Modelo del astromóvil lunar soviético Lunokhod 1 en el Museo de la Cosmonáutica de Moscú; el rover** *Sojourner 500 PUMA* **en la superficie de Marte.**

Volviendo a la tierra y con objetivos más prosaicos, en 1990, Colin Angle, Rodney Brooks, y Helen Greiner, del laboratorio de Inteligencia Artificial del MIT, fundaron la empresa *iRobot*. Con un sistema de control basado en comportamientos, sus robots tenían que maniobrar en tiempo real en entornos dinámicos y complejos. Aunque al principio desarrollaron robots para el departamento de defensa de Estados Unidos, en 2003 sacaron el robot-aspiradora que se convertiría en todo un fenómeno a escala mundial: el famoso Roomba®. Veinte años después, todavía tiene una posición preeminente en el mercado, pese al gran número de competidores que han ido surgiendo. Otros pequeños robots que se han convertido en productos de consumo, también dedicados a ejecutar una tarea muy específica, pero con un elevado grado de autonomía, incluyen los robots limpiadores de piscinas y los robots cortacésped.

La mayoría de los robots de servicios actuales se desplazan sobre ruedas o, en el caso de terrenos abruptos, sobre orugas. Este tipo de locomoción es más fácil de controlar y más eficiente desde un punto de vista energético que la locomoción sobre patas. Sin embargo, esta última es claramente ventajosa en determinados entornos, como en los edificios con escaleras, o en terrenos naturales especialmente abruptos. En 1992, Marc Raibert fundó *Boston Dynamics*, que se ha convertido en un referente mundial por la estabilidad y agilidad de sus robots bípedos (humanoides) y cuadrúpedos (los perros-robot).

Hablando de humanoides y de perros-robot, que evidentemente se desplazan caminando, tenemos que retroceder en el tiempo y hablar de unos robots que hicieron época, como robots de entretenimiento.

El gigante tecnológico japonés Honda empezó en 1986 un proyecto ambicioso de desarrollo de un robot humanoide, que culminaría en el año 2000 con el robot *Asimo*. Un año antes, Sony había sacado al mercado su perrito robótico *AIBO*, con rediseños sucesivos, hasta que se dejó de fabricar en 2015. También lo intentaron con un robot humanoide, *QRIO*, que nunca llegó a las tiendas. En cambio, robots humanoides más recientes como *Nao* o *Pepper* gozan de bastante popularidad, como veremos en el último capítulo.

La cirugía asistida por robots es un campo de aplicación bastante sensible y controvertido, pero a su vez está asociado a las ventajas de la cirugía mínimamente invasiva. La primera intervención asistida por robot se remonta a 1984, cuando el robot *Arthrobot* posicionaba la pierna del paciente en una operación ortopédica. Un año después se utilizaba el robot industrial *Unimation Puma 200* para orientar la aguja utilizada en una biopsia del cerebro, guiada por tomografía computarizada, y a finales de 1980 el Imperial College de Londres presentó su *PROVOT*, para intervenciones de cirugía prostática. La cirugía ortopédica experimentó una revolución con la precisión de *ROBODOC*, un robot desarrollado en 1992 por *Integrated Surgical Systems*. Y otra revolución vendría dos años más tarde, de la mano de *Computer Motion*, que introdujo el sistema de cámara laparoscópica *AESOP*. El sistema de cirugía robótica ZEUS demostró a finales de los años 1990 las posibilidades de la cirugía con telepresencia en la que el paciente se opera remotamente. Pero el robot quirúrgico más conocido es el *da Vinci*, que fue aprobado por la agencia federal de salud estadounidense en el 2000, y del que hablaremos en el Capítulo 7.

Es evidente que hemos dejado de mencionar muchos otros prototipos y robots que acabaron siendo comercializados, la lista es interminable. Aparte de las aplicaciones mencionadas, hay robots experimentales y en explotación en otros sectores de actividad, como el sector primario, el sociosanitario, la construcción y mantenimiento de edificios, el campo de batalla, el transporte… Una parte de las omisiones se recuperará en el Capítulo 5, y los desarrollos más recientes se describirán en el Capítulo 7.

Capítulo 4

Morfología y funcionamiento del robot

El cuerpo

A menudo se dice del robot que le da cuerpo a la inteligencia artificial (IA). Lo cierto es que, exceptuando a los robots más avanzados, la mayoría de robots se limitan a tener un sistema de programación más o menos sofisticado, pero sin llegar a disfrutar de las capacidades cognitivas propias de la IA. Lo que es indudable es que todos tienen presencia material en el mundo, es decir, un cuerpo, que es lo que les permite interactuar con su entorno. En la primera parte de este capítulo repasaremos los diferentes tipos de cuerpos de los robots, su constitución y su funcionamiento. La segunda parte estará dedicada a lo que determina el comportamiento del robot y a la posibilidad de cambiar este comportamiento, es decir, el *software*.

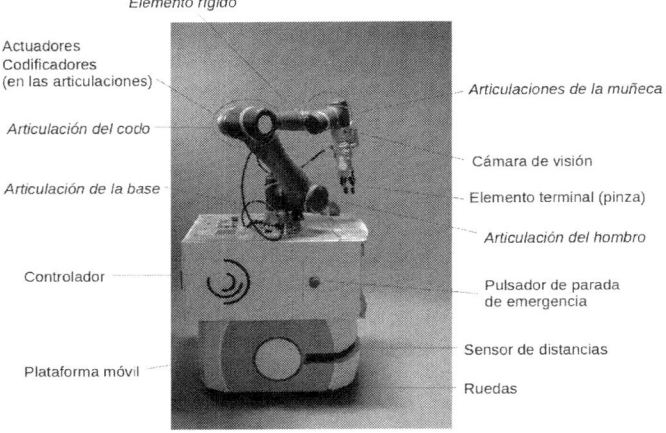

Figura 14. Brazo robot montado sobre una plataforma móvil. Los elementos y articulaciones de la estructura están indicados en itálica.

Estructura

A grandes rasgos, podemos distinguir entre los robots fijos, cuya base está fija en el suelo o en una estructura, y los robots móviles, que se pueden desplazar libremente. La mayoría de los robots industriales son del tipo fijo, lo que se conoce como *brazo robot* (o robot manipulador, aunque no desarrolle una tarea de manipulación). Se le llama brazo por analogía con el brazo humano: le permite posicionar y orientar su *mano* en el lugar y de la manera conveniente para realizar la tarea programada. La estructura del brazo está constituida por un conjunto de *elementos rígidos* unidos entre sí mediante *articulaciones*. Cada articulación permite cierto movimiento relativo entre los dos elementos que une. La disposición elementos-articulaciones puede ser consecutiva, es la propia del *brazo serie*, y al conjunto de elementos y articulaciones se le llama *cadena cinemática*. También hay estructuras *paralelas,* con lazos cerrados de elementos y articulaciones, de las que hablaremos más adelante. Cabe señalar que un brazo también puede estar montado sobre un robot móvil.

Los elementos suelen ser metálicos, aunque pueden estar recubiertos por una carcasa también metálica o de material sintético, que, además, tiene la misión de proteger los cables, sensores y las transmisiones mecánicas a lo largo del brazo. El primer elemento del robot, la base, está rígidamente unido al suelo (a veces también colgando de una estructura rígida) y, el último, al elemento terminal (la mano o la herramienta del robot).

En la mayoría de los robots, todas las articulaciones son simples: permiten el desplazamiento relativo lineal en una sola dirección (articulaciones lineales o prismáticas) o el giro relativo alrededor de un único eje (articulaciones de rotación o de revolución). Se dice que tienen un solo grado de libertad. Aunque existen otros tipos de articulaciones, como la helicoidal de un solo grado de libertad, la cilíndrica, de dos, o la esférica, de tres, no se utilizan en robótica: la primera porque crea una dependencia entre giro y desplazamiento lineal que no es propia de la versatilidad de movimientos deseada para los robots, y las de más grados de libertad tampoco porque es más difícil proporcionarles un movimiento controlado en las diversas direcciones. Igualmente, combinando articulaciones simples de la forma adecuada, se puede conseguir el mismo efecto que una articulación más compleja, pero controlando todos los ejes: si los ejes de rotación de tres articulaciones simples se hacen coincidir en un punto, se obtiene el mismo efecto que una articulación o rótula esférica. Los grados de libertad del conjunto del robot estarán determinados por el número de articulaciones simples, siempre que sean *independientes*: si dos articulaciones prismáticas siguen la misma dirección (o direcciones paralelas), tendremos un solo grado de libertad entre las dos.

Para *posicionar* el elemento terminal en cualquier punto del espacio necesitaremos tres grados de libertad, tantos como dimensiones del espacio (hay algunas aplicaciones que con dos grados de libertad controlados tienen suficiente, como ya veremos). Estos grados de libertad pueden corresponder a cualquier combinación de articulaciones prismáticas o rotacionales. Para *orientar* el elemento terminal en el espacio también se necesitan tres grados de libertad, que en este caso tienen que ser todos de rotación, y se encuentran en la muñeca del brazo robot. El conjunto de la posición y orientación del elemento terminal en el espacio se denomina *pose* (Riba, 1992). El conjunto de los valores de las articulaciones del robot para conseguir esta pose es la *configuración* del robot. Aunque a veces utilizaremos los dos términos de forma intercambiable, no son del todo equivalentes, ya que en los robots angulares y los SCARA (de los que se hablará a continuación) una misma pose se puede conseguir con dos configuraciones diferentes. Los tipos de articulaciones utilizados a lo largo de la cadena cinemática caracterizan a los diferentes tipos de estructuras de robots que se muestran en la Tabla 2.

Nombre	Esquema	Comentarios
Cartesianos o prismáti-cos		Gran rigidez estructural, especialmente indicados para mover grandes cargas (como en los *robots de pórtico*) o para aplicaciones que requieren una gran precisión.
Cilíndricos		Muy utilizados antes para la carga-descarga de máquinas. Actualmente cuota de mercado reducida.
Esféricos o polares		El primer robot, el *Unimate*, era polar. Actualmente bastante en desuso.

Angulares, articulados, o antropomorfos		Grupo más numeroso, especialmente aptos para tareas en entornos donde se tienen que evitar obstáculos, como cuando tienen que trabajar en el interior de automóviles en una cadena de montaje. Para mejorar la accesibilidad, no es infrecuente añadir articulaciones adicionales, obteniendo lo que se conoce como un *robot redundante.*
SCARA		El eje lineal puede estar actuado como cualquier otro eje, es decir, con control posicional, o tener solo dos posiciones extremas, para aplicaciones donde la tarea tiene lugar en el plano: la colocación de piezas en una bandeja, o el montaje de circuitos electrónicos. En estos casos solo hacen falta dos cotas en el eje vertical, una posición baja de colocación o inserción de la pieza, y otra elevada para no chocar con otras piezas.

Tabla 2. Tipología de los brazos robot serie según su estructura.

Esta tipología corresponde a robots serie, pero ya hemos visto que también existen los llamados robots paralelos. Muchas de estas estructuras, con diversas combinaciones de articulaciones de rotación y prismáticas, son objeto de estudio y construcción de prototipos en los laboratorios de investigación, pero también hay robots industriales paralelos comercializados con mucho éxito, como el robot delta, que se puede ver como tres robots articulados con una base común y que comparten el mismo elemento terminal. Los elementos de este robot están constituidos por paralelogramos con articulaciones pasivas, que garantizan que la plataforma del elemento terminal siempre tenga la misma orientación.

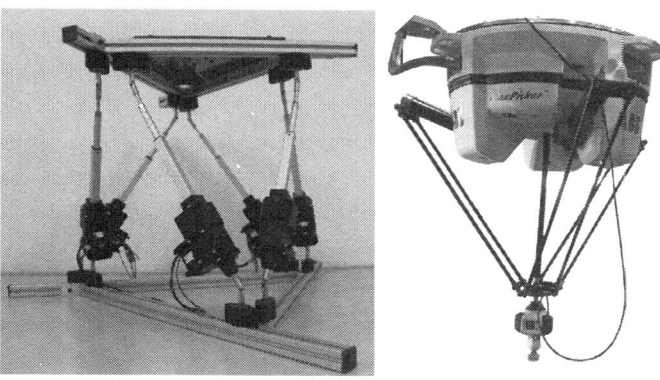

Figura 15. A la izquierda, estructura paralela experimental. Los únicos ejes actuados son los lineales, las articulaciones de rotación en los extremos son pasivas. Desplazando adecuadamente los ejes lineales, se puede conseguir cualquier posición y orientación de la plataforma superior. A la derecha, robot Delta comercial, el FlexPicker® de la empresa sueca ABB.

La *cinemática de robots* estudia estas estructuras y variantes, la geometría de los volúmenes de trabajo asociados, y también las llamadas *singularidades*, que son configuraciones en las que se pierde momentáneamente el control sobre la estructura y que, por lo tanto, en general, se tienen que evitar.

En cuanto a los *robots móviles*, la estructura está constituida por el marco y la carcasa que contienen los actuadores (motores), la batería, los sensores y la electrónica del robot. En el caso de los robots *rodantes*, comprenderá también los soportes de los ejes de las ruedas y generalmente contendrá los elementos mecánicos de transmisión de movimiento y de dirección. Si se trata de un robot *caminante* (con patas), comprenderá también las bases o uniones a las patas. Estas pueden estar formadas por un único elemento rígido, o pueden ser cadenas cinemáticas, habitualmente de dos elementos, como los brazos articulados, con un pie en lugar de un elemento terminal. También hay robots móviles que se desplazan por el medio *acuático* (generalmente submarino) o *aéreo*. Los primeros tienen que tener una estructura y carcasa que resistan presiones elevadas, si se tienen que sumergir a grandes profundidades, y garantizar la estanquidad de los componentes que no se pueden mojar (como la electrónica). En ambos casos, deben proporcionar el soporte a las hélices o rotores que les dan movilidad.

Si hablamos de un *robot humanoide*, la estructura comprende como mínimo un torso y uno o dos brazos articulados, también puede tener una cabeza que habitualmente contendrá cámaras y opcionalmente elementos para la interacción con los humanos, o sencillamente una pantalla para facilitar esta interacción (también hay robots que llevan una pantalla en el torso). La cabeza puede estar rígidamente unida al torso, o a través de un mecanismo articulado, un cuello con uno o dos grados de libertad. El torso puede ser fijo, desplazarse encima de una articulación prismática horizontal y/o con una articulación de rotación (esto tiene sentido, por ejemplo, en un robot conserje, barman, o vendedor detrás de un mostrador), puede desplazarse encima de una plataforma con ruedas u orugas, o puede ser un robot caminante (con las piernas formando parte también de la estructura).

Finalmente, tendríamos que hablar de toda una multitud de *robots experimentales*, muchos de ellos *biomiméticos* (es decir, intentando reproducir la morfología de seres vivos) donde las estructuras pueden ser poliarticuladas (como en el caso de robots-serpiente o robots-pez), o también *robots reconfigurables*, cuya estructura va cambiando según como se conecten con sus elementos constituyentes, entre otros.

Actuadores

En la analogía entre el robot y el humano, los actuadores corresponderían a los músculos. Se pueden ver como transductores de energía en movimiento: mueven las articulaciones de la estructura, las ruedas de un vehículo, los rotores de un dron, etc. Hay de los siguientes tipos:

- *Neumáticos e hidráulicos.* Generalmente de tipo lineal, consisten en un conjunto cilindro-émbolo donde se introduce fluido a presión por uno de los extremos del cilindro, provocando el desplazamiento del émbolo (y de su eje solidario) hacia el otro lado. Se diferencian en el fluido utilizado, que en un caso es aire, y por lo tanto compresible como todos los gases (si el eje experimenta cierta resistencia, el aire inyectado se puede ir comprimiendo en lugar de hacer avanzar el émbolo), mientras que los hidráulicos utilizan aceite. En robótica se utilizan cada vez menos, debido a que necesitan un sistema de acondicionamiento y filtrado del fluido, y un compresor.

- *Eléctricos.* Prácticamente la totalidad de los actuadores utilizados en robótica hoy en día son motores eléctricos rotativos (el movimiento lineal se puede obtener con una transmisión adecuada, como piñón-cremallera) con un estator (parte fija y que induce el campo magnético principal) y un rotor (parte giratoria). Hay de tres tipos: motores de corriente continua, motores paso a paso, y motores de corriente alterna. Los primeros se utilizan en robots que llevan una batería para el suministro eléctrico, como los robots móviles. Los motores paso a paso son un tipo de motores generalmente de corriente continua que no necesitan ningún dispositivo de posicionamiento, ya que efectúan un pequeño giro discreto (de pocos grados) con cada impulso eléctrico que reciben (por ejemplo, si cada giro es de 3,6°, la rotación entera necesitará 100 pasos). Se utilizan cuando no se prevén grandes cargas. Finalmente, los motores de corriente alterna son los más utilizados, de largo, en los brazos robots actuales, y necesitan una conexión con la red eléctrica. Los motores de corriente continua y los de corriente alterna incorporan habitualmente algún tipo de reducción mecánica, un sistema de engranajes rígidos o reductores armónicos (donde uno de los engranajes, en forma de anillo, es deformable), que permite reducir la velocidad (demasiado elevada) de los motores, a la vez que aumenta el par (la fuerza rotativa). También llevan un sistema de posicionamiento que consiste en un codificador que lee el giro realizado y la electrónica necesaria, y todo el conjunto recibe el nombre de *servomotor*.

- *Otros*. Excepcionalmente, algunos robots móviles funcionan con motores de combustión interna. También hay robots experimentales, básicamente en el contexto de la llamada *soft robotics* (robótica blanda), que utilizan elementos que se deforman al inyectar un fluido a presión o hechos con materiales que se deforman con la luz, el calor, bajo campos magnéticos o, sobre todo, sometidos a corrientes eléctricas.

Hay motores directamente conectados a las articulaciones que tienen que mover (lo que se conoce como *direct drive*), pero en la mayoría de los casos el movimiento se tiene que transmitir desde el motor hasta la articulación que tiene que mover. Esto se consigue mediante las *transmisiones mecánicas*. Tiene sentido que en un brazo robot los motores se concentren cerca de la base, con lo que se eliminan o reducen las fuerzas de inercia asociadas a los mismos motores cuando el brazo se acelera (en caso contrario se necesitaría una estructura más robusta y, por lo tanto, motores más potentes 'más grandes' para moverla). Estas transmisiones pueden ser de diversos tipos, como mecanismos de barras articuladas, engranajes, poleas y correas o ruedas dentadas y cadenas, sistemas de cables, entre otros. Algunos sistemas no transmiten únicamente el movimiento, sino que lo transforman de rotativo a lineal o viceversa.

Sensores

Miden alguna cantidad física y la traducen a una señal eléctrica. En función de lo que perciben en relación con el robot, los sensores se pueden clasificar en tres categorías (muchos autores solo consideran dos, dependiendo de si se refieren al estado del robot 'las dos primeras en nuestra clasificación' o al entorno):

- *Interoceptivos.* Miden el estado interno del robot: el estado de carga de la batería en robots móviles, detectores de fallos internos para hacer diagnóstico como sensores de temperatura, de fugas de fluido o eléctricas, etc.

- *Propioceptivos.* Determinan el estado del robot en el espacio, es decir, su configuración, velocidades y aceleraciones. Los de posición se llaman codificadores (también conocidos por el anglicismo *encoders*) y determinan el giro de una articulación. Pueden estar incluidos en el actuador, como ya hemos visto con los servomotores, o montados sobre la propia articulación. Por su modo de funcionamiento podemos distinguir entre codificadores absolutos (cada posición está unívocamente relacionada con un código) e incrementales (miden variaciones respecto a una posición de referencia), y, por su principio de funcionamiento, (electro) ópticos, potenciómetros, magnéticos (de efecto Hall), inductivos (*resolvers*) y otros más, siendo los primeros los más utilizados. Velocidad y aceleración se pueden determinar a partir de la variación temporal de la posición, o con sensores específicamente dedicados (acelerómetros, sensores inerciales).

- *Exteroceptivos.* Captan el estado del entorno, de lo que es significativo para el robot, como la presencia de un obstáculo en su trayectoria:

  - *Contacto*: Se activan al tocar un obstáculo. Generalmente, son algún tipo de interruptor (*microrruptor* si es muy pequeño) eléctrico; pueden estar incorporados en alambres que actúan como el bigote de un gato (*whiskers*) o como parachoques (*bumpers*).

- *Presencia, proximidad (sin contacto)*: Pueden estar basados en diferentes principios físicos, según las características materiales del objeto u obstáculo a detectar y la distancia. Están los inductivos (distancias inferiores a 4 cm, metales férreos), capacitivos (inferiores a 6 cm, material no férreo), fotoeléctricos (menos de 6 cm, cualquier material), o ultrasónicos (entre 3 cm y 3 m, cualquier material).

- *Posicionamiento*: Puede ser respecto a un entorno determinado, como el interior de una nave industrial, por lo que utilizará un sistema óptico (por ejemplo, basado en láser) y balizas con diferentes identificadores, o un sistema basado en radiobalizas. También puede ser respecto al mundo, es decir, para robots que se desplazan medias o largas distancias en el exterior, y en este caso utilizará un sistema basado en GPS.

- *Distancias, formas volumétricas*: Para determinar la distancia en la que se encuentra un objeto o su relieve, se puede utilizar el radar, el sonar, el lidar (que hace un barrido con láser), o cámaras RGB-D (que combinan imagen con profundidad).

- *Sonidos*: Los micrófonos permiten detectar sonidos y, dependiendo de la sofisticación del sistema de procesamiento de la señal, se puede sencillamente distinguir silencio/ruido o llegar a reconocer palabras o frases de lenguaje natural oral.

– *Imágenes térmicas*: Los sensores de infrarrojos permiten evaluar la distribución de temperaturas de un objeto y determinar si una parte está demasiado caliente, o detectar animales de sangre caliente (incluyendo a los humanos) en la oscuridad.

– *Visión por computadora*: Es el sistema más completo, complejo e informativo. Empieza con la adquisición de la imagen con cámaras (blanco y negro o color, simples o estéreo). Las llamadas *cámaras de eventos* merecen una mención especial, ya que permiten cerrar el bucle de control muy rápidamente y se utilizan en entornos muy dinámicos, como en aplicaciones con drones. Después viene un preprocesado (eliminación de ruido, mejora de contraste, etc.), una segmentación (división de la imagen en regiones, por ejemplo, por el color) y una extracción de características (descriptores que identifican las diversas regiones). Con esta información, el sistema puede detectar (un objeto de una escena, los rasgos faciales…), identificar (asociar una imagen o una parte a un individuo concreto, por ejemplo), reconocer (una escena simple, como *chica leyendo con gato*), o hacer seguimiento (*tracking*) de un objeto o persona en movimiento. Hoy en día se utiliza el aprendizaje profundo (*deep learning*) basado en redes neuronales para *clasificar* (objetos, escenas simples) con bastante éxito, pero todavía hay grandes dificultades para *interpretar* correctamente una escena compleja donde sea necesario conocimiento general o de contexto.

– *Tacto y fuerza*: Los sensores táctiles pueden ser desde simples sensores de contacto en los dedos de la mano del robot hasta piel artificial que puede determinar la forma por el relieve de un objeto pequeño. La fuerza ejercida por (o sobre) el robot se puede medir a través del consumo eléctrico de los actuadores, o directamente a través de un sensor de fuerzas y momentos montado en la muñeca del robot.

Elemento terminal

El elemento terminal es el dispositivo con el que el robot actúa sobre el entorno.

• *Pinza, garra, o mano*: Con estos dispositivos, el robot coge y manipula objetos, en aplicaciones de coger-y-posicionar, carga y descarga de máquinas, ensamblaje, toma de muestras, manipulación de ropa, etc. La pinza tiene dos dedos y es el elemento terminal más común y fácil de controlar. Las garras y manos suelen ser polidigitales; algunas manos, de hecho, intentan emular la complejidad de la mano humana. Con un control adecuado, pueden llegar a mostrar un gran nivel de destreza, aunque todavía alejado de las capacidades humanas.

 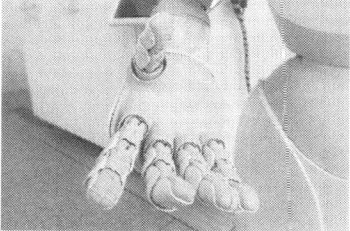

Figura 16. Pinza de dos dedos; mano polidigital.

- *Herramientas*: De la misma forma en la que un operario humano utiliza una herramienta para desempeñar algún trabajo sobre una o varias piezas, el robot puede estar equipado con la herramienta más apropiada para cada tarea. Así, esta herramienta puede ser una pinza de soldadura por puntos para unir dos piezas metálicas, un electrodo para soldadura por arco, una pistola de pintura, un aplicador de adhesivo, una limadora, una lijadora, una herramienta de corte láser, y un largo etcétera. El robot puede estar equipado, además, con un dispositivo de cambio automático de herramienta (o de pinzas o garra), lo que aumenta su versatilidad.

- *Instrumentos de medición*: Un robot de mantenimiento puede estar equipado con un detector de defectos por ultrasonidos. Un robot de exploración, con el instrumental científico para hacer análisis de muestras o del entorno. Estos instrumentos pueden estar situados en el extremo de un pequeño brazo para facilitar la toma de medidas.

Elementos de locomoción

Los robots se pueden desplazar de diversas maneras, dependiendo del medio, y, en el caso del terrestre, de la rugosidad del terreno.

- *Robots rodantes*: Si el terreno es liso, como el pavimento de una edificación o el de las vías urbanas, el robot se puede desplazar sobre ruedas. El número de ruedas puede ser muy reducido (una o dos, en plataformas móviles tipo Segway), o bastante elevado (seis o más, por ejemplo, en los *rovers* de exploración de Marte, o en algunos robots experimentales), aunque lo habitual es que sean tres (una de dirección y dos de tracción) o cuatro. Los vehículos de cuatro ruedas generalmente tienen que maniobrar para lograr una configuración arbitraria, debido al limitado radio de giro de las ruedas de dirección. En cambio, con las llamadas *omni wheels*, ruedas con pequeños discos o rodillos a lo largo de la circunferencia de la rueda, tendremos un vehículo que se puede desplazar en cualquier dirección. Si el robot debe circular por terrenos muy abruptos, se utilizarán orugas o ruedas montadas sobre un marco deformable, como la suspensión *rocker-bogie* de los *rovers* enviados a Marte.
- *Robots caminantes*: Los robots que se desplazan con patas pueden hacerlo sobre dos (locomoción bípeda), cuatro (cuadrúpeda) o seis (hexápoda).

La locomoción bípeda ha evolucionado mucho desde los inicios, cuando se basaba en mantener un equilibrio estático y daba lugar a una progresión lenta e insegura, hasta el equilibrio dinámico de los robots actuales, mucho más ágiles. Entre los robots con cuatro patas, hay muchos experimentales que explotan algún tipo de biomímesis, ya sea imitando la configuración del guepardo, el movimiento braquial de los monos (colgando de los brazos), o incluso, en cuanto a los pies, la adherencia de las salamanquesas. También en la locomoción hexápoda se explota la eficacia de la marcha trípode característica de los insectos.

- *Robots nadadores y voladores*: Los robots que se desplazan por un fluido, sea acuático o atmosférico, lo hacen habitualmente propulsados por una hélice o con rotores. Algunos vehículos aéreos no tripulados (UAV por el acrónimo en inglés) lo hacen propulsados por un motor de reacción, sobre todo en el ámbito militar, y este tipo de propulsión también será obligatorio para robots que operen desplazándose en el espacio exterior. La biomímesis hace de nuevo acto de presencia en robots que se desplazan por estos medios, y así podemos encontrar robots con aletas y colas como los peces, o alas como los insectos voladores o las aves.

- *Otros*: Siguiendo con robots experimentales, están los que se desplazan deslizándose con movimientos sinuosos como las serpientes, o que lo hacen estirando y contrayendo ejes como si fueran pseudópodos, y muchas otras soluciones más o menos imaginativas, pero no necesariamente eficientes. También podemos mencionar el caso del *Canadarm*, el brazo articulado de la Estación Espacial Internacional, que se puede desplazar por el exterior de la estación, fijándose con un extremo (y dejando ir el otro) en los puntos previstos para esta operación, como si fuera una oruga.

Figura 17. Robot móvil con ruedas omnidireccionales; robot con patas en terreno abrupto; robot experimental inspirado en los pseudópodos de una ameba.

Elementos para la interacción robot-humano

La interacción robot-humano empieza por la propia apariencia del robot, que puede facilitarla (o todo lo contrario). Aparte de la interacción física (por ejemplo, robot y humano llevando juntos un mismo objeto, o trabajando sobre la misma pieza, aunque sea alternándose), la interacción se produce en gran medida a través de la comunicación. Esta puede ser verbal escrita o icónica, oral y/o gestual. Para la primera se pueden utilizar pantallas con teclado o táctiles, presentando, por ejemplo, menús multiopción. Para la comunicación oral, si se produce en los dos sentidos, se necesitarán micrófonos y altavoces, que en el caso de un robot humanoide pueden estar ubicados en la cabeza del robot (junto con las cámaras). La comunicación gestual se producirá con los elementos móviles de la estructura del robot (sobre todo brazos y manos), y en robots más sofisticados, con las expresiones de una cara mostrada por pantalla, o pequeños dispositivos móviles que emulan el movimiento de los ojos, cejas o boca. Llevado a un extremo, en robots que intentan reproducir con fidelidad el aspecto humano y parte de la musculatura de la cara, esto se traduce en expresiones faciales más o menos logradas.

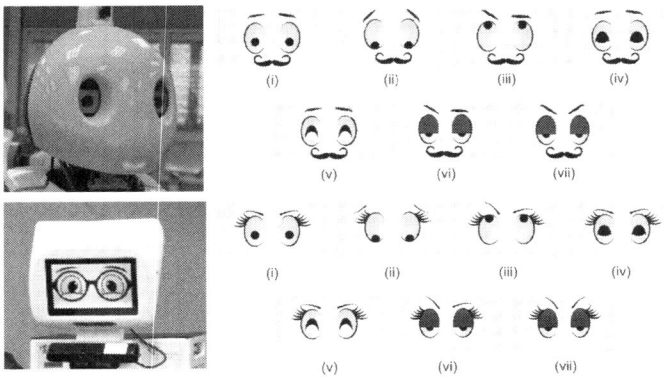

Figura 18. Los ojos del robot se pueden hacer coincidir con las cámaras del sistema de visión. Una cabeza con una pantalla permite simular todo un repertorio de emociones, para facilitar la comunicación con el usuario.

Energía y electrónica

La fuente última de energía para la práctica totalidad de los robots es la red eléctrica, sea por conexión directa, alimentando compresores, o recargando baterías. Pero no para todos: los *rovers* enviados a Marte no tienen ninguna red para recargar baterías y se han tenido que buscar métodos alternativos. Los tres primeros (*Sojourner*, *Spirit* y *Oportunity*) han ido utilizando paneles solares, con buen resultado pese a la debilidad de la luz solar y el polvo que se deposita encima, gracias en parte a los vientos marcianos que los han limpiado de vez en cuando. Los dos últimos (*Curiosity* y *Perseverance*), en cambio, mucho más voluminosos y pesados que sus predecesores, llevan a bordo generadores termoeléctricos de radioisótopos (cada uno lleva 4,8 kg de dióxido de plutonio-238 como combustible nuclear), lo que los hace independientes de las condiciones meteorológicas imperantes, la estación del año, o que sea de día o de noche. Otra excepción son los UAV propulsados a reacción, que utilizan los combustibles típicos de los cohetes y misiles, y los escasísimos robots terrestres que utilizan motores de combustión.

El funcionamiento correcto y controlado de los robots se debe a todos sus componentes electrónicos, que comprenden la electrónica de potencia, la electrónica de control, el ordenador (o PLC en algunos modelos) y el sistema de programación. La electrónica de potencia regula el suministro eléctrico a los actuadores. La electrónica de control actúa de intermediario entre el ordenador y la parte mecánica del robot, por ejemplo, haciendo un primer proceso de las señales suministradas por los sensores antes de su interpretación por el ordenador. Este se hace cargo del control al más alto nivel, interpretando los programas almacenados en su memoria y en ejecución, en función de las señales de los sensores, y enviando a la electrónica de control las señales para la activación de los diferentes actuadores. La versatilidad, complejidad del comportamiento, adaptabilidad, y facilidad de programación del robot se debe a la presencia del ordenador. La introducción o gestión de los programas del robot y, de hecho, también la interfaz con el usuario, es el sistema de programación. Este puede consistir en una consola de programación, específica del fabricante y modelo del robot, o en un PC de propósito general con su teclado para escribir los programas. En los robots fijos, la electrónica suele encontrarse separada del brazo, en el llamado armario de control. Los robots móviles, en cambio, han de llevar la electrónica de control a bordo.

Software

La parte intangible del robot, que determina su comportamiento tal y como la conducta humana viene dirigida por la mente, es el *software* (para utilizar un anglicismo muy extendido). Los formalismos para la programación de los robots son tan variados como la tipología de estas máquinas: robots del mismo tipo, utilizados en aplicaciones similares, se programarán de manera similar. Aunque los fabricantes de robots desarrollaron sus propios lenguajes en las décadas pasadas, no hay diferencias esenciales entre ellos. En una capa superior a la del lenguaje de programación específico del robot, nos podemos encontrar programas que realizan tareas a nivel cognitivo (Ersen et al. 2017), programas de inteligencia artificial (IA) (López de Mántaras, 2023).

Programación convencional de robots

Los brazos robots industriales se programan con un conjunto de instrucciones que especifican exactamente lo que debe realizar el robot. Esto es

factible porque el entorno en el que el robot lleva
a cabo su actividad es un entorno controlado:
el repertorio de situaciones en las que se puede
encontrar el robot es limitado y, las acciones a
realizar, también. Podemos distinguir los *métodos
de programación*: mostrados en la Tabla 3.

Gestual	Pasivo		Directo: con el mismo robot y moviendo sus articulaciones manualmente, o desplazándolo por el elemento terminal (robot en modo compensación de gravedad, sin oponerse a ser movido, pero evitando caer por su propio peso). Indirecto: a través de una reproducción a escala del robot con codificadores pero sin actuadores.
	Activo		Robot guiado hacia cada posición. Desplazamientos en *coordenadas articulares,* o en *coordenadas cartesianas*, en un sistema de coordenadas absoluto (fijo, centrado en la base del robot y con el eje Z vertical), o relativo (móvil, centrado en el llamado *tool centre point* en el medio de la muñeca, y con el eje Z en la dirección del elemento terminal).

Textual	Nivel robot	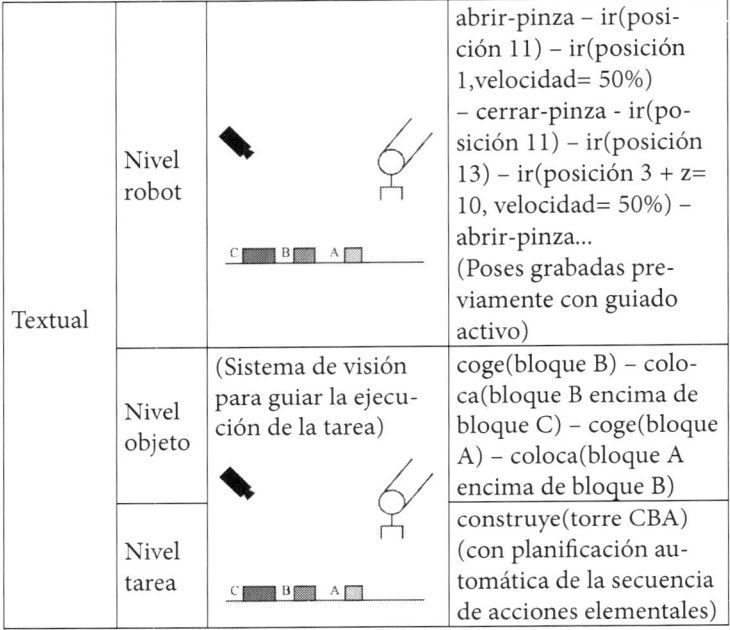	abrir-pinza – ir(posición 11) – ir(posición 1,velocidad= 50%) – cerrar-pinza - ir(posición 11) – ir(posición 13) – ir(posición 3 + z= 10, velocidad= 50%) – abrir-pinza... (Poses grabadas previamente con guiado activo)
	Nivel objeto	(Sistema de visión para guiar la ejecución de la tarea)	coge(bloque B) – coloca(bloque B encima de bloque C) – coge(bloque A) – coloca(bloque A encima de bloque B)
	Nivel tarea		construye(torre CBA) (con planificación automática de la secuencia de acciones elementales)

Tabla 3. Tipos de programación de robots.

La programación textual incluye, aparte de las instrucciones de movimiento y las acciones del elemento terminal, instrucciones del flujo del programa, como saltos condicionales ("si la pieza b5 se encuentra en el alimentador entonces ejecuta las instrucciones 12-18 de lo contrario ejecuta las instrucciones 26-29 fin si"), o bucles ("mientras no hay pieza en la cinta transportadora haz quedar inmóvil fin mientras", "para contador desde 1 hasta 50 ejecuta coger pieza de la cinta y colocarla en el contenedor fin para").

Aparte de los robots móviles industriales, los robots móviles de servicios, sociales o de exploración tienen que desarrollar su actividad en un mundo cambiante, complejo, lleno de contingencias imprevistas, y la información disponible a menudo será parcial (incompleta) o imprecisa. Los programadores podrán tener en cuenta las situaciones más probables, pero ante lo inesperado solo podrán, en el mejor de los casos, decantarse por la opción más segura. La aplicación concreta también determinará la complejidad del comportamiento del robot: un robot-aspiradora tendrá suficiente con un *software* que le permita actuar al nivel de los insectos, evitando obstáculos y localizando la fuente de alimentación (el punto de carga) cuando sea necesario. En cambio, un robot que tiene que interactuar socialmente con su propietario debe ser capaz de reconocer su aspecto incluso ante cambios de *look*, no confundirlo con otros humanos, conocer sus preferencias y manías, tal vez incluso mantener una conversación lo suficientemente estimulante. Es evidente que un robot de este tipo tiene que ser capaz de tomar decisiones en función de la información disponible, de planificar toda una secuencia de acciones, y de aprender. En otras palabras, tendrá que tener capacidades cognitivas.

No podemos finalizar esta sección sin mencionar lo que se ha convertido, desde su desarrollo inicial a partir de 2007 por el departamento de IA de la Universidad de Stanford, en una herramienta fundamental para facilitar, normalizar y divulgar la programación de robots: el *Robot Operating System*

(ROS). Es fundamentalmente una estructura de desarrollo de *software*, con un formalismo, herramientas y librerías de programas escritos en los lenguajes genéricos de programación *C++* o *Python*. Estos programas comparten datos entre ellos, lo que da lugar a una estructura modular, y estos módulos se pueden reaprovechar en otras aplicaciones o robots, ya que no dependen del *hardware* sobre el que se implementan. Esto ha facilitado mucho la difusión de *software* entre centros de investigación, y hoy en día incluso muchos fabricantes de robots lo utilizan.

Funciones cognitivas: Inteligencia artificial

Para un robot inmerso en el mundo real, los actos cognitivos comienzan con la percepción del estado del entorno. Esto es tan cierto para el aprendizaje (por comprender cómo varía en función de las acciones del mismo robot o del demostrador) como para la toma de decisiones o la planificación de tareas. Como ya hemos visto en el caso de la visión por computador, la propia percepción implica la ejecución de programas (preprocesado, segmentación, etc.) que en los niveles más altos pueden implicar procesos cognitivos (aprender a clasificar, a reconocer…). A veces se pueden combinar diferentes canales perceptivos (por ejemplo, visión y tacto) para resolver ambigüedades, es lo que se conoce como fusión sensorial.

Una de las primeras cosas que hace falta plantear en los procesos cognitivos es cómo representar el conocimiento. No hablamos únicamente de bases de datos o representaciones geométricas, sino de representaciones de alto nivel, abstractas, con las que poder tomar decisiones o razonar. Esto está muy relacionado con el tipo de control que se desea implementar en el robot: en el control reactivo, las respuestas del robot a los estímulos percibidos ya están precodificadas; por ejemplo, si el robot detecta un obstáculo, lo rodeará girando hacia un lado. En el control deliberativo, por el contrario, entre la percepción y la respuesta en forma de acción hay un proceso de selección de la acción más apropiada entre un abanico de posibilidades, o incluso de planificación. También podemos mencionar el control híbrido, que combina los dos anteriores, o el control basado en comportamientos, que es un tipo de control reactivo en diferentes niveles de abstracción, y donde comportamientos complejos pueden emerger de la combinación de comportamientos simples. El conocimiento se puede representar de diversas maneras, por ejemplo en estructuras jerarquizadas (con mecanismos de herencia de atributos), o en grafos sobre los cuales se pueden aplicar algoritmos de búsqueda heurística, o codificado en redes neuronales (de las que hablaremos cuando lo hagamos del aprendizaje), pero las formas más expresivas, y que permiten realizar un razonamiento directamente comprensible por los humanos, son las *representaciones basadas en lógica*. En este formalismo, las afirmaciones (proposiciones) tienen un valor binario: son verdaderas o falsas. Más allá de la conocida lógica de proposiciones, la lógica de predicados permite la utilización de variables y es, por lo tanto, más flexible y expresiva. Las variables de estos predicados, en el momento de razonar, tienen que ser instanciadas: si el predicado, por poner un ejemplo, es *color*(x,y), donde las variables x e y corresponden, respectivamente, al objeto y al color, instanciar con valores concretos como x=gato e y=azul produce la proposición equivalente "el gato es azul". Con la lógica, el razonamiento se hace a través de la inferencia, que puede ser inductiva (el cumplimiento de las premisas, basándose en las observaciones, proporciona una fuerte evidencia en las conclusiones), deductiva (las conclusiones se derivan necesariamente de las premisas), o abductiva (se busca la teoría que mejor explica las observaciones). Los procedimientos de la lógica de restricciones (*constraint logic programming*) proporcionan una manera muy eficiente de utilizar la lógica. Otro formalismo lógico que está teniendo mucho eco es la lógica de descripciones (*description logics*), ya que está en la base del OWL (ontology web language) para la representación del conocimiento en internet (más para aplicaciones que para ser utilizado por humanos) y de RoboEarth (un tipo de internet para robots, con repositorios de programas para realizar tareas concretas). Esta lógica de descripciones tiene una estructura terminológica jerarquizada, y utiliza mecanismos de razonamiento que incluyen la consistencia, la subsunción (elementos como parte de una clase o conjunto jerárquicamente superior y, por lo tanto, herederos de los atributos genéricos de la clase), o disyunción (un objeto no puede tener dos atributos opuestos a la vez).

Una representación más consistente con las incertidumbres del mundo real es la *probabilística*, donde las afirmaciones son ciertas o falsas con un cierto grado de probabilidad. En estos formalismos, el razonamiento se puede plantear en términos derivados del teorema de Bayes, que nos permite calcular cuán probable es una hipótesis dada la evidencia observada, a partir de otras probabilidades conocidas o directamente computables. La red bayesiana es un modelo basado en este teorema, y consiste en un grafo que representa variables aleatorias y sus dependencias. También podemos mencionar la *lógica difusa* (*fuzzy logic*), donde las afirmaciones tienen un cierto grado de certeza, y diversas afirmaciones pueden ser ciertas simultáneamente, pero el sistema sabe descubrir, a partir de las observaciones en un momento dado, cuáles tienen un mayor grado de certeza.

El razonamiento permite tomar decisiones de una forma inmediata, responder a una situación concreta, pero para objetivos más a largo plazo, que no son fruto de una sola acción, sino del encadenamiento de diversas acciones, hará falta recurrir a otro proceso cognitivo, la planificación.

Esta se puede dar en dos niveles de abstracción: la planificación de movimientos y la planificación de tareas. La *planificación de movimientos* consiste en determinar el camino que debe seguir el robot desde una posición inicial hasta llegar a la posición final, evitando los obstáculos presentes en el entorno. Cuenta con una representación del espacio y de los obstáculos existentes, y tiene lugar en el llamado espacio de configuraciones, es decir, de las variables que determinan la pose del robot. Para un brazo robot, por ejemplo, las dimensiones del espacio de configuraciones corresponden a las diferentes coordenadas articulares. Será un espacio de seis dimensiones, donde la pose del robot vendrá representada por un punto, y los obstáculos de este espacio corresponderán a todas las configuraciones del robot donde haya alguna colisión con un obstáculo físico. En casos muy simples (un robot con solo dos grados de libertad) se pueden utilizar métodos deterministas que hacen una distribución del espacio libre (sin obstáculos) en celdas o construyen lo que se llama un mapa de carreteras, pero en casos como el mencionado es más eficiente utilizar métodos estocásticos, que determinan aleatoriamente configuraciones (y pequeños tramos entre configuraciones vecinas) libres de colisión. Si no se dispone de un modelo del entorno, hará falta construirlo primero. Esto se puede hacer con el propio robot y técnicas de navegación. La más conocida es SLAM (*simultaneous localization and mapping*), es decir, construir el mapa del entorno (con visión y/o sensores de distancia) y a la vez situar el robot en el mismo. En casos muy simples, también se puede utilizar la planificación de movimientos basada en sensores, como los llamados algoritmos-bicho (*bug algorithms*).

La *planificación de tareas*, por otro lado, opera a un nivel superior de abstracción, a nivel simbólico. Cuenta con un repertorio de representaciones de acciones básicas que puede realizar el robot. Para conseguir un determinado estado deseado (objetivo o meta) desde el estado actual, hay que encontrar la secuencia de acciones del robot que irán transformando el estado de su entorno hasta llegar al deseado. Al darse la circunstancia de la existencia de diversas secuencias posibles que llevan al mismo objetivo, se intentará encontrar la secuencia óptima (por ejemplo, la que lleva en un tiempo menor, o la que consume menos recursos), pero en algunos casos esto es demasiado costoso (en tiempos de computación) y será suficiente con encontrar una secuencia suficientemente buena. Uno de los primeros planificadores utilizados en robótica fue el *STRIPS* para planificar las tareas del robot *Shakey* (ver el Capítulo 3). Este es un planificador basado en lógica de proposiciones, donde cada operador de planificación que corresponde a cada acción básica tiene una serie de *precondiciones* que deben darse en el estado actual del mundo para que la acción se pueda ejecutar, y esta modificará el estado del mundo con sus *efectos* (proposiciones que cambian su valor de verdadero o falso). En una versión más moderna se encuentra el formalismo PDDL (*planning domain description language*), basado en la lógica de predicados, pero que sigue siendo *determinista* y basado en una serie de asunciones (finitud del mundo, completitud de la información, determinismo e instantaneidad de las acciones, inactividad del mundo mientras se ejecuta la acción) que solo son aceptables en entornos y tareas simples. Pero hoy en día también contamos con diversos *planificadores probabilísticos*, como los procesos de decisión de Markov y los algoritmos de iteración del valor, que pueden determinar la política (estrategia) más adecuada para acciones con diversos efectos posibles, con diversas probabilidades de ocurrencia, o los procesos de Markov de observabilidad parcial (POMDP) cuando la percepción del estado del mundo es ruidosa (con imprecisiones). También hay versiones probabilísticas de planificadores como el PDDL.

Proporcionar al robot todos los modelos necesarios para realizar sus tareas puede ser muy costoso y pesado, aparte de ineficiente debido a las condiciones cambiantes del entorno. Sería mucho mejor que el robot pudiera adquirir y actualizar este conocimiento por sus propios medios, a partir de la información suministrada por su sistema sensorial. Este es el objetivo fundamental del *aprendizaje* de los robots, que utiliza técnicas del llamado aprendizaje de máquinas (*machine learning*). Las técnicas subyacentes consisten en métodos matemáticos de correlación, probabilística o estadística, así como métodos de reconocimiento de patrones. En los últimos años ha ganado notoriedad el aprendizaje profundo (*deep learning*), basado en el entrenamiento de redes neuronales profundas (*deep neural networks*, son como las redes neuronales convencionales, pero con muchas más capas de neuronas). Está consiguiendo ser bastante fiable en tareas de clasificación, pero tiene el inconveniente (pese a que se está trabajando mucho para solucionarlo) de que funciona como una caja negra. Es difícil reconstruir lo que pasa en su interior y saber por qué toma las decisiones en un sentido u otro. Hay dos grandes modalidades de aprendizaje: supervisado y no supervisado. En la modalidad de *aprendizaje supervisado*, un supervisor (generalmente un humano) indica a qué clase pertenece cada muestra de entrada, en los métodos de clasificación, o los pares de entrada-salida, en los métodos de regresión (ajuste automático de una función matemática a estos pares). En el *aprendizaje no supervisado* no hay ningún supervisor que proporcione la "solución correcta" y se utilizan técnicas de *clustering* (agrupación por similitud, que se traduce en distancias cortas en los espacios de las variables consideradas, mientras que otras agrupaciones están más lejos) o aprendizaje de reglas asociativas. También podemos distinguir entre el aprendizaje por refuerzo (que

puede ser supervisado o no) y el aprendizaje por
demostración (que por definición es supervisado).
En el *aprendizaje por refuerzo* (*reinforcement
learning*) el robot aprende cuáles son las acciones más
apropiadas para cada situación por ensayo y error,
observando los cambios en el entorno causados por
las acciones y sometido a una función de recompensa
o penalización (que puede ser proporcionada por
un supervisor). Tiene la ventaja de no necesitar
ningún programador o usuario humano (aprende
solo), pero si empieza a ensayar acciones alejadas de
la solución real de la tarea, puede tardar muchísimo
en aprenderla. Esto se evita con el *aprendizaje por
demostración* (Ravichandar et al. 2020), donde un
"profesor" humano muestra al robot cómo realizar
correctamente la tarea. Hace varias demostraciones
y el robot extrae lo que es significativo para la tarea,
de manera que puede generalizar. Con esta finalidad,
el profesor puede mover directamente el robot
(aprendizaje cinestésico) o mostrar cómo se hace la
tarea ante un sistema de visión por computadora.
En este último caso, se tendrá que haber resuelto
previamente el *problema de la correspondencia*
asociado al hecho de que el demostrador humano
y el robot son dos sistemas cinemáticos diferentes
(diferentes medidas de los elementos o incluso
diferentes tipos de articulaciones). La desventaja es
justamente la necesidad de la presencia de un profesor
o demostrador humano, y la calidad del aprendizaje
va naturalmente asociada al número y diversidad de

demostraciones (para subrayar lo que es realmente significativo en la tarea), lo que puede acabar siendo tedioso para el humano. Una solución interesante es la que combina lo mejor de los dos mundos, con un demostrador que hace unas (pocas) demostraciones al principio, que acercan al robot a la zona de la solución correcta, y este sigue después refinando la ejecución de la tarea por aprendizaje por refuerzo.

Capítulo 5

Aplicaciones

Robots industriales

En el Capítulo 3, dedicado a la historia de la robótica, hemos hablado bastante del nacimiento del robot industrial, así como de algunos hitos históricos en su desarrollo a lo largo de los años y las décadas. Aquí hablaremos más del día a día de estas máquinas.

Según la definición original de la organización internacional de fabricantes de robots, (RIA, por Robotics Industries Association, hoy en día conocida como A3, Association for Advancing Automation) (Scribd, 2025):

Un robot industrial es un manipulador multifuncional reprogramable, capaz de mover materias, piezas, herramientas o dispositivos especiales, según trayectorias variables, programadas para realizar tareas diversas.

Básicamente, dice que es un manipulador, que, como ya hemos visto en el Capítulo 4, es un mecanismo que consiste en un conjunto de elementos unidos entre ellos por articulaciones. El objetivo del manipulador es posicionar y orientar objetos o materiales que ha cogido con su mano, herramientas o dispositivos especiales, para hacer tareas de tipo industrial. Y para ser considerado un robot, tiene que cumplir las siguientes características:

- Tiene que ser automático, es decir, controlado automáticamente.
- Reprogramable (el programa que guía su movimiento se puede cambiar fácilmente).
- Multifuncional o multipropósito (con usos dentro del entorno industrial).

Alternativamente, para una definición ajustada a la normativa, se puede consultar la norma UNE-EN ISO 10218-1:2012.

Según el informe de la *International Federation of Robotics* (IFR) de 2022, en 2021 se instalaron 517 000 nuevos robots (el número más alto en la historia) y el parque de robots era de unos 3,5 millones de unidades. Pero se debe remarcar que en 2021 más de la mitad de los nuevos robots fueron instalados en China (aunque se dio un crecimiento positivo en todas las regiones). Es interesante observar que, tanto en el año 2020 como en 2021, el sector de la automoción ha sido superado por los productos eléctricos y electrónicos, lo que es indicativo de la creciente diversificación de las aplicaciones.

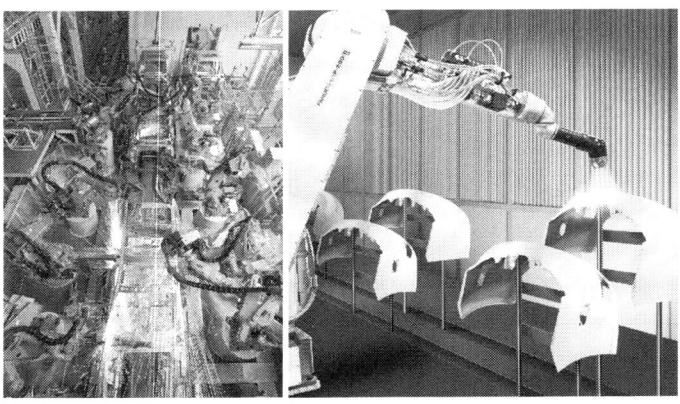

Figura 19. Robots de soldadura por puntos en una línea de producción FlexLean d'ABB; robot FANUC P--250iB aplicando pintura en piezas de automóvil.

Hablando de aplicaciones, hay que tener presente que los robots fueron históricamente instalados para hacer todas aquellas tareas que eran peligrosas, pesadas (por las condiciones ambientales), y/o monótonas (en inglés, estas tareas se conocen como las de las tres «D»: *dangerous, dirty and dull*). Por ejemplo, la primera tarea que desarrolló un robot industrial (el robot *Unimate*, ver el Capítulo 3), la retirada de piezas de fundición para introducirlas en un tanque de refrigeración, es peligrosa (riesgo de sufrir quemaduras) y pesada (elevada temperatura ambiente). Otro ejemplo de tarea peligrosa es la alimentación (carga y descarga de piezas) de máquinas como prensas o cizallas, uno de tarea pesada es la pintura con espray (por los disolventes presentes en el aire, los operarios tienen que llevar protecciones de las vías respiratorias), y uno de tarea monótona es cualquier trabajo de línea de montaje o paletizado (por los movimientos repetitivos que conllevan). El abanico de aplicaciones industriales es muy amplio, pero a grandes rasgos podríamos distinguir las aplicaciones donde el robot no altera la pieza, solo la cambia de sitio (alimentación de máquinas, paletizado y embalaje en cajas, transporte, en cierta forma también el ensamblaje), aquellas donde dos o más piezas se unen de forma permanente (soldadura por puntos, soldadura por arco, aplicación de adhesivo, uniones remachadas), las tareas que implican una alteración sustancial de la pieza (corte en todas sus variantes y tecnologías, trepado o agujereado), tratamientos superficiales (limado, pulido, pintado, barnizado), o inspección (fundamentalmente búsqueda de defectos o desperfectos). Las plataformas y robots móviles, así como algunos grandes robots cartesianos, se utilizan en tareas de transporte y logística. Hay aplicaciones con un interés potencial muy grande, como las tareas de desensamblaje en un contexto de reciclaje y recuperación de componentes o materiales valiosos, así como la manipulación de objetos deformables en la industria textil y de alimentación.

Robots en la minería

Los motivos que llevaron a la robotización de ciertas tareas industriales son todavía más válidos en la minería: según un informe de 2019 (Chakravorty, 2019), unos 12 000 mineros mueren anualmente en accidentes de minería, con las minas de carbón encabezando el luctuoso ranking. Los riesgos en la minería incluyen riesgos físicos (colapso de túneles, caídas de rocas, ahogamiento…), biológicos (exposición a polvos, humos, disolventes, metales pesados, radiación), y ergonómicos (trauma acumulativo, temperaturas extremas…). También hay motivos adicionales que aconsejan la automatización y robotización: ganar eficiencia tanto en el proceso extractivo como en el transporte mejora la sostenibilidad medioambiental del sector, que además se enfrenta a una escasez de trabajadores cualificados, aspecto que también puede paliar el uso de robots (Bernier, 2023). Pese a poder salvar muchas vidas, la presencia de la robótica en este sector es muy reducida, ya que los retos tecnológicos no son nada despreciables. Hay diversos proyectos de investigación recientes para afrontar estos retos, por ejemplo, en la Colorado School of Mines se están evaluando las posibilidades de adaptación y uso de los UAV (vehículos aéreos no tripulados) para volar de forma autónoma en el espacio confinado de una mina subterránea para construir un mapa 3D y monitorear métricas básicas de seguridad como los niveles de oxígeno. También podemos mencionar el proyecto europeo *UNEXMIN* (convocatoria H2020) que desarrolló una plataforma robótica para explorar minas inundadas. Los robots no solo se pueden utilizar para la exploración de minas con presencia de gases tóxicos o riesgo de derrumbamiento, también pueden intervenir en tareas de perforación, extracción de material, o transporte en remolques sin conductor (Gendron, 2019).

Robots en la agricultura, ganadería y pesca

El uso de UAV para evaluar el estado de cultivos a través de imágenes aéreas, la aplicación localizada de plaguicidas y herbicidas con plataformas móviles terrestres o con drones, la eliminación mecánica de insectos o plantas invasoras (sin utilizar productos químicos), la identificación y cosecha de frutos maduros (tanto en el exterior como en invernaderos), el uso de tractores no tripulados (localizados con GPS), o las tareas de invernadero como espaciamiento de plantas, son algunas de las soluciones robóticas en la agricultura, y algunas de ellas ya están siendo implementadas (Postscapes, 2023).

Figura 20. Dos vistas del robot TIAGo como prototipo para la poda de viñas y la cosecha automatizada de viñedos en el proyecto europeo Canopies; pinza experimental instrumentalizada para la medida y toma de muestras de hojas en el proyecto europeo Garnics.

En cuanto a la ganadería, las estaciones robotizadas de ordeño son una realidad desde hace un par de décadas: después de haber sido entrenada, la propia vaca, que lleva un collar que registra y transmite datos sobre su salud, dieta y producción lechera, se dirige a la estación y entra cuando quiere ser ordeñada. Otra tarea que se puede robotizar es la conducción de rebaños, como hacen en la planta de vacuno de la empresa Cargill en Schuyler (Nebraska) con un robot teleguiado (Cargill, 2018), o con equipos de UAV que ladran como perros, como proponen unos investigadores de Sídney y Hong Kong (Li et al., 2022).

En el sector pesquero se está investigando el uso de la robótica colaborativa en el procesamiento de pescado y marisco, sobre todo en relación con la clasificación por medida y consistencia relacionada con el grado de frescor, en la estadounidense Norteastern University (2018). En Internet podemos encontrar muchos anuncios de cebos robóticos (*robot bait*), uno de tantos ejemplos en los que se utiliza el término *robot* para promocionar lo que no deja de ser un simple dispositivo sin los atributos propios de un robot.

Robots de exploración

En esta categoría entran robots móviles terrestres, UAV o robots submarinos equipados con cámaras y otros sensores y/o equipamiento científico para la toma y análisis de muestras, para estudiar entornos de difícil acceso para los humanos: zonas volcánicas con actividad, áreas contaminadas químicamente o con una elevada radiactividad, profundidades marinas, o astros exteriores a la Tierra o para localizar víctimas y evaluar daños en zonas afectadas por una catástrofe. Para esta última tarea, por ejemplo, los robots de búsqueda y rescate van equipados con sensores de infrarrojos que les permitirán detectar personas vivas entre los escombros, después de un terremoto. Estos robots necesitan un diseño especial, ya que tienen que estar construidos de manera que puedan resistir durante un tiempo suficiente las condiciones extremas a las que se verán sometidos (temperaturas muy elevadas o muy bajas, presiones muy altas, radiación,

impactos de micrometeoritos, polvo, humo, etc.).
Cuando se trata de robots que operan relativamente
cerca de los miembros humanos del equipo de
rescate, generalmente serán telerrobots, donde parte
del control (sobre todo a nivel más alto) estará en
manos de los operadores humanos, que podrán dar
respuesta inmediata a las contingencias observadas
con las cámaras u otros sensores. Esto es así para los
robots de exploración submarina, volcánica, de zonas
contaminadas o catastróficas. Otra cosa es que la tarea
de exploración en cuestión comporte una rutina larga
y monótona, en este caso puede ser deseable un mayor
grado de autonomía, alertando al operador humano
únicamente cuando sea necesario. Si la única limitación
es el retraso en las comunicaciones, incluso los rovers
enviados a la luna pueden ser teleoperados, como el
caso de los dos rovers soviéticos de exploración lunar
Lunokhod (1970-73). Tampoco el rover indio Pragyan
de la reciente y exitosa misión Chandrayaan en el polo
sur lunar (2023) es completamente autónomo: pese a
disponer de un sistema de confección de mapas 3D
a partir de visión estereoscópica y un planificador de
movimientos, las decisiones sobre los puntos de destino
a alcanzar se toman desde la Tierra (Chandrayaan,
2023). Los rovers enviados a Marte 'Sojourner en la
misión Mars Pathfinder (1997), Spirit y Opportunity
(2004), Curiosity (2012) y Perseverance (2020)'
tienen un grado de autonomía más elevado, para
determinar la dirección a seguir o evitar un obstáculo,
pero su autonomía también está condicionada por

las decisiones del equipo humano en la NASA. La exploración de planetas con atmósfera, como es el caso de Marte, no está limitada a plataformas móviles: la misión de 2020 también incluye un UAV, llamado *Ingenuity*, que ya ha completado algún vuelo en la tenue atmósfera marciana.

Figura 21. Robot REMUS 600 de exploración submarina; representación artística del rover Spirit/Opportunity en la superficie de Marte.

Robots militares

Dependiendo del tipo de misión, los robots utilizados en un conflicto armado tienen diferentes características:

- *Misiones humanitarias y tácticas no cruentas* (sin derrame de sangre), que incluyen detectar e inutilizar minas explosivas en una zona, desactivar explosivos, transportar heridos, y realizar tareas de exploración, transporte y logística. Se utilizan plataformas móviles adaptadas, por ejemplo, con un brazo manipulador y una cámara para hacer las operaciones de desactivación, y generalmente teleguiados, o UAV, también con cámaras, para las operaciones de reconocimiento.

- *Misiones tácticas defensivas*, de respuesta rápida y automática ante ataques, como sistemas antimisiles en zonas fronterizas o sistemas instalados sobre vehículos terrestres, tanques, barcos u otros. Consisten básicamente en armas montadas en plataformas, que se reorientan de forma autónoma e instantánea para disparar y abatir los proyectiles entrantes.

- *Misiones tácticas ofensivas*, armas móviles, mayormente por aire, destinadas a neutralizar al enemigo. Habitualmente se trata de drones armados que operan de forma semiautónoma, pero también podemos incluir algunos tipos de misiles capaces de alterar su trayectoria en función de lo que leen sus sensores. También se están desarrollando unidades terrestres.

Figura 22. Robot de desminado MV-4, de la empresa croata DOK-ING; sistema defensivo de corto alcance *Kortik* (también conocido como *Kashtan*) en la corbeta *Steregushchiy*.

Los controvertidos LAWS (*Lethal Autonomous Weapon Systems*, sistemas autónomos de armas letales), de los que hablaremos en el capítulo dedicado a la ética, pertenecen a la última categoría.

Robots de construcción y mantenimiento

El objetivo de la robótica en el mundo de la construcción no es tanto la substitución de trabajadores humanos como facilitar algunos de los trabajos más monótonos y/o agotadores. Así podemos encontrar, perfectamente funcionales, robots para la colocación de ladrillos (donde el albañil humano hace algún ajuste final, también hay sistemas semiautomáticos que cargan el peso, guiados por el operario), robots de demolición, robots de trazado de planta, robots de excavación, robots de supervisión del avance de las obras, robots de transporte y robots de ligar armaduras (con alambre en los cruces de las varillas de hierro) (Jones, 2022).

Pero también se están probando nuevos paradigmas de construcción con robots, como la impresión 3D de estructuras y componentes que no se pueden realizar con los métodos convencionales. En el Complejo de Laboratorios de Infraestructura Civil de Bovay, de la Universidad de Cornell, hacen pruebas con un robot de 3000 kg que lleva una manga de extrusión de cemento. El punto clave es encontrar los aditivos y la proporción adecuada para garantizar la estabilidad de las capas inferiores, pero al mismo tiempo mantener la adherencia entre las capas (Nutt, 2022).

En cuanto a los robots de mantenimiento, ya hay de limpieza de fachadas y de inspección y limpieza de conductos y tuberías.

Robots de transporte de personas y mercancías

Esta categoría incluye tanto los vehículos terrestres sin conductor como los aéreos no tripulados, cuya misión es transportar personas y/o mercancías de un punto a otro. Los vehículos terrestres tienen el aspecto de vehículos convencionales (automóviles, autocares, camiones), pero llevan muchos sensores a bordo (sistemas de visión por computadora, detectores de distancias, GPS, acelerómetros, etc.) así como los sistemas de control de navegación (incluyendo un ordenador para el procesado a alto nivel de toda la información sensorial), que permiten mantener actualizado en todo momento el conocimiento de la situación del tráfico en los alrededores (señales de tráfico, otros vehículos, peatones y bicicletas, etc.). Con la interconexión entre los diferentes vehículos se facilitará la gestión del tráfico, que se volverá más fluido. Hay diferentes grados de autonomía, dependiendo de la implicación del conductor humano, que van desde los ya existentes sistemas de mantenimiento de la velocidad y aparcamiento automático, hasta los todavía experimentales vehículos "sin volante", donde el conductor ya no ejerce como tal, sino que es un pasajero más. Estos vehículos de conducción autónoma conllevarán importantes ventajas, pero también inconvenientes y dilemas morales, que trataremos en el Capítulo 6.

Robots de servicios

Convencionalmente, se consideraba robot de servicios todo aquel robot que no era industrial. Esto convertía la definición de robot de servicios en un tipo de cajón de sastre donde tenían cabida otros tipos de robots como los que se han visto en las secciones anteriores.

Hoy en día se hace la distinción entre los robots de campo (*field robots*), que suelen desarrollar su trabajo en entornos exteriores no urbanos (como los de exploración, de minería o del sector agropecuario) o en entornos urbanos en situaciones excepcionales (robots de rescate en una catástrofe, robots bélicos), y los robots de servicios, que tienen un componente social importante, debido a la necesaria interacción entre la máquina y los humanos para llevar a cabo su tarea. De hecho, esta categoría se sobrepone a la de *robots sociales*, donde esta característica de interacción con los humanos es más marcada y se hace explícita. Los robots de mantenimiento y limpieza que hemos mencionado antes podrían entrar perfectamente dentro de esta categoría, aunque su interacción con los humanos será mucho menor que, por ejemplo, con el robot guía de un museo. Estos robots son generalmente plataformas móviles sobre ruedas, con un aspecto más o menos antropomorfo según la tarea a realizar, y los elementos necesarios para realizarla (uno o dos brazos para manipular objetos y/o comunicación gestual, plataformas o contenedores para transportar, sistemas de visión artificial y sensores de distancias, pantallas informativas, micrófonos, sistemas de comprensión del lenguaje, sistemas de síntesis de voz y altavoces, entre muchos otros). Robots utilizados en hostelería o en centros públicos como escuelas, residencias u hospitales (camareros, cocineros, conserjes, servicio de habitaciones), robots informativos y guía, tanto para residentes como para visitantes y turistas, en museos, congresos, exposiciones, ferias, grandes eventos culturales o deportivos, parques, centros comerciales, entornos urbanos en general, así como robots de limpieza y mantenimiento, no solo en edificios, sino también en el espacio público, son algunos de los numerosos ejemplos de robots de servicios, en los que también entran los de las dos secciones siguientes. La norma UNE-EN ISO 13482:2014 se hace eco de esta especificidad de los robots de servicios. El lector interesado puede consultar (Torras, 2016) sobre retos y avances conseguidos por este tipo de robots.

Robots domésticos y personales

Como robots de servicios y sociales, tienen muchas de las características mencionadas en la sección anterior. Pero el énfasis recae en la capacidad de adaptación al usuario concreto o propietario, a sus deseos, preferencias, caprichos y manías (hablamos de un individuo o de un grupo reducido de usuarios, como una familia). Dependiendo de las tareas a realizar, el robot vendrá de fábrica con una serie de capacidades y habilidades que, gracias a su capacidad de aprendizaje, adaptará a las particularidades del usuario. Esta categoría incluye desde los más simples robots de limpieza (como los robots-aspiradora) hasta sofisticados robots mayordomo o asistente/secretario personal, así como compañeros sentimentales y/o sexuales. Morfológicamente, por lo tanto, estos robots irán desde simples plataformas móviles equipadas para su tarea, hasta robots humanoides, tal vez en un futuro incluso indistinguibles de los humanos, si es que eso llega a ser posible (y deseable). Evidentemente, estos últimos están, hoy en día, todavía muy lejos de la riqueza de comportamientos, movilidad y destreza de los humanos. En el Capítulo 6 repasaremos los riesgos que estos robots pueden llegar a representar para la privacidad y la estabilidad emocional de sus usuarios.

Robots educativos y de entretenimiento, niñeras robóticas

Dirigidos a un público mayormente infantil (a excepción, por ejemplo, de robots de entretenimiento utilizados en *performances* artísticas o espectáculos de teatro), estos robots se pueden utilizar para educar en robótica o tecnologías afines de manera práctica, o también en otras materias, o ser poco más que un juguete sofisticado, con posibilidad de supervisión y vigilancia del menor. Pueden incluir la posibilidad de ser ensamblados o reconfigurados por el niño, aparte de ser programados, lo que permite una familiarización más precisa con su funcionamiento. Se pueden utilizar en el hogar o dando soporte en el trabajo del profesorado en clase, haciéndose cargo de las rutinas más básicas del aprendizaje, donde puede ofrecer una atención personalizada al alumno, mostrar una gran paciencia y constancia, y también una firmeza no sujeta al chantaje emocional. Estas características, junto con un diseño atractivo, la fiabilidad y predictibilidad de su comportamiento, y el hecho de que el niño o niña no se sentirá criticado o juzgado por el robot, lo pueden convertir en una herramienta pedagógica muy útil gracias a su aceptación por el infante (incluso de colectivos sensibles como los niños dentro del espectro autista), aunque no excluye riesgos si no se hace un buen uso. De estos riesgos hablaremos en el Capítulo 6, aquí únicamente destacaremos la vulnerabilidad del colectivo infantil y, por lo tanto, la necesidad de que el diseño y programación de estos robots ponga el acento en la seguridad y pedagogía del infante.

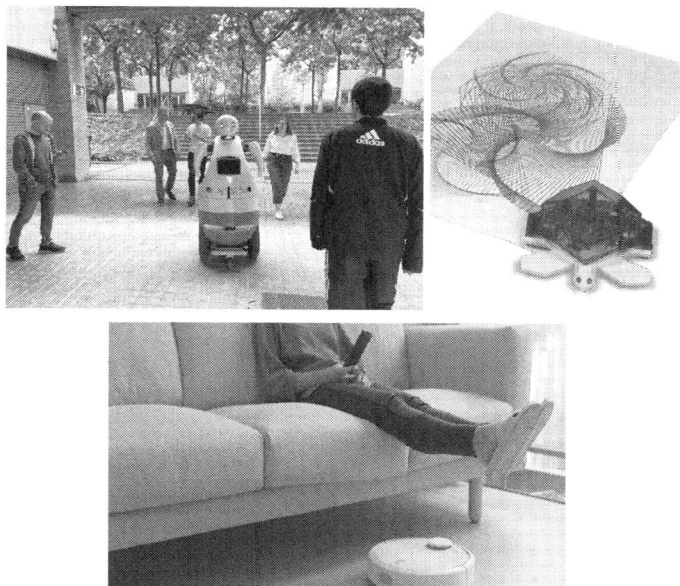

Figura 23. Robots de servicios, domésticos y educativos: Robot social Tibi determinando su trayectoria entre peatones; versión actualizada del robot educativo tortuga LOGO, de la angloamericana Valiant Technology; robot aspirador limpiando el suelo.

Robots médicos, asistenciales, y de rehabilitación

Los robots utilizados en el ámbito sanitario incluyen los que hacen intervenciones sobre el paciente, los que contribuyen a su cuidado, y los que se utilizan como herramientas de rehabilitación. Pese a pertenecer al mismo ámbito, los tres tipos de robots tienen atribuciones y morfología bien diferenciadas, como describiremos a continuación. Riek (2017) proporciona una panorámica general de los entornos en los que se producen los cuidados y de los agentes involucrados en el desarrollo de robots para estos entornos, así como ejemplos que contextualizan su utilidad.

- *Robots cirujanos.* Estos robots están directamente implicados en las intervenciones quirúrgicas, la mayoría de las veces teleoperados por un cirujano humano (es decir, no son completamente autónomos, a excepción de algunos casos como un robot dentista que realizó dos implantes dentales en 2017). Estos robots reproducen los movimientos que el cirujano efectúa sobre los mandos, pero a una escala mucho más reducida, y eliminando posibles temblores. El cirujano sigue el progreso de la operación en su monitor, que emite las imágenes captadas por microcámaras en el interior del paciente o por otros procedimientos de imagen médica. Esto produce una experiencia inmersiva del cirujano en la realidad anatómica de la operación, aumenta substancialmente la precisión, y se traduce en una cirugía mínimamente invasiva. Que los movimientos del cirujano no se transformen directamente en movimientos del robot, sino a través del modelo construido con imágenes médicas, permite también que el cirujano pueda definir, antes de la operación, qué zonas de la anatomía del paciente próximas a la zona de intervención no deben ser invadidas en ningún momento por el bisturí, con lo que se evita, por ejemplo, que un nervio o un vaso sanguíneo importante sea seccionado por accidente durante la operación. Habitualmente se trata de diversos brazos robóticos colgados sobre el paciente, cada uno con una función concreta (sección, captura de imágenes, auxiliar…). El más conocido es el sistema Da Vinci, que opera desde hace años en diversos hospitales. Un concepto de gran interés, pero todavía en una fase muy preliminar de investigación, es el desarrollo y utilización de micro y nanorrobots, pequeñísimos robots móviles que pueden ser introducidos dentro del paciente y que, guiados desde el exterior, pueden llegar al punto concreto donde se debe realizar una operación, sea de suministro de un medicamento, o de eliminación de tejido. Estos robots tienen que cumplir con los requisitos especificados en la norma UNE-EN IEC 80601-2-77:2021/A1:2023.

- *Robots asistenciales.* En el contexto hospitalario, son fundamentalmente robots auxiliares de enfermería, plataformas móviles que pueden estar equipadas con un pequeño brazo robótico o un sistema de alimentación de pacientes, que se encargan de tareas rutinarias y con poco valor añadido en cuanto a la interacción humana, pero que pueden reducir notablemente la carga de trabajo del personal sanitario, que a cambio puede dedicar más tiempo de calidad al paciente. Las tareas en cuestión son mayormente la distribución de medicamentos, el monitoreo de datos clínicos, y la alimentación de los pacientes, que se puede ajustar a sus características particulares, sin comprometer la atención a otros pacientes. Un caso aparte, y todavía muy experimental, es el de robots que interactúan físicamente con el paciente, moviéndolo para diferentes operaciones (cambio de ropa de cama, higiene del paciente, transferencia de la cama a la silla de ruedas…). Estas tareas, realizadas en colaboración y supervisión del personal humano, podrían reducir drásticamente las enfermedades profesionales del personal relacionadas con el desplazamiento de grandes pesos y posturas incómodas. Tienen la forma de plataformas móviles con brazos, y tienen que cumplir requisitos muy estrictos de seguridad y estabilidad, tener un diseño ergonómico dirigido a la comodidad del paciente y el personal hospitalario, y estar dotados de sistemas sensoriales que permitan el seguimiento en tiempo real de la tarea. También se puede pensar en robots equivalentes para la atención domiciliaria.

- *Robots de rehabilitación.* Estos robots para asistencia terapéutica para la recuperación (o en casos más complicados, retardo del deterioro) de las facultades físicas o cognitivas del paciente, son sistemas que no solo tienen que permitir la interacción física (en el caso de la rehabilitación de partes del cuerpo como las extremidades), sino también el monitoreo (y en algunos casos, autoevaluación) de los progresos del paciente, y adaptación de los ejercicios a realizar (refuerzo del aparato locomotor o de brazos y manos, destreza, memoria, razonamiento, atención…) de acuerdo con sus características y su progreso. El o la terapeuta planifican los ejercicios que debe realizar el paciente y supervisan la adaptación que realiza el sistema en función de cómo evoluciona el paciente. Una vez más, esto descarga al terapeuta del trabajo rutinario, permitiendo una dedicación más humana o de ayuda psicológica al paciente.

En nuestro país, algunos robots de aplicación en el ámbito sanitario han sido desarrollados en grupos de investigación, en particular de la Universidad Politécnica de Cataluña. Es el caso de los dos robots de la Figura 24, surgidos respectivamente de una spin-off del grupo GRINS y del proyecto europeo Socrates del grupo RobIRI. Otros prototipos de robots para dar de comer, para ayudar a vestir y para determinar la fragilidad de pacientes oncológicos han sido desarrollados en el laboratorio de Percepción y Manipulación Robotizada del IRI, CSIC-UPC, siempre codiseñados con centros de atención sociosanitaria (Torras, 2023b).

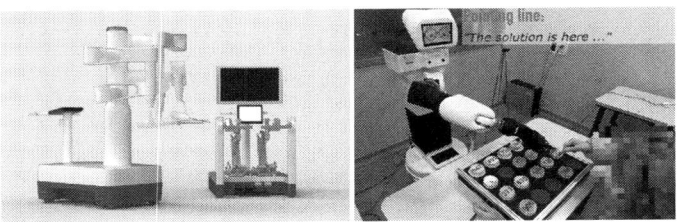

Figura 24. Robot de cirugía laparoscópica de Rob Surgical, spin-off de la UPC y el IBEC; robot asistencial para rehabilitación cognitiva desarrollado en el proyecto europeo Socrates, en colaboración con la Fundación ACE para el diagnóstico y tratamiento del Alzheimer y otras demencias.

Exoesqueletos y prótesis robóticas

Los exoesqueletos son estructuras que se ajustan al cuerpo del usuario, con sensores que captan su actividad muscular o neuronal (dependiendo de sus capacidades funcionales), y actuadores que dan respuesta a la actividad mencionada en forma de movimiento. Se trata de la forma más completa de lo que se denomina robótica vestible (*wearable robotics*). Para un individuo sano, un exoesqueleto puede hacer de amplificador de su fuerza, por ejemplo, para transportar cargas muy pesadas (también se estudia su aplicación en el campo militar). Pero el principal motivo para su desarrollo es, por supuesto, proporcionar movilidad a personas impedidas, a partir de sus capacidades neuromusculares residuales.

Una prótesis robótica reemplaza una extremidad o una parte de ella que se ha perdido por traumatismo o enfermedad, o que nunca se ha tenido debido a una malformación genética. Estas prótesis son plenamente funcionales y, siguiendo el paradigma robótico, perciben-procesan-actúan: disponen de biosensores que pueden captar la actividad neuronal o muscular de tejidos sanos del paciente, así como de sensores sobre la prótesis capaces de registrar variables propioceptivas (posición de los dedos, por ejemplo) y de interacción con el entorno (impacto del suelo sobre el pie al pisar); el controlador procesa esta información y elabora la respuesta adecuada, de acuerdo con las intenciones del usuario, y, finalmente, los actuadores generan el movimiento o la adaptación activa de la prótesis. No son robots completamente autónomos, ya que la función cognitiva se reparte entre el controlador (a bajo nivel) y el propio paciente, que ha aprendido a activar la prótesis según sus intenciones a través de grupos musculares restantes que posiblemente no son los originales. El desarrollo y uso de prótesis robóticas no tendría, en principio, que originar ninguna objeción ética, pero en el próximo capítulo veremos en qué circunstancias sí que es necesaria la reflexión y el debate ético.

Capítulo 6
Ética de los robots

Cuestiones éticas relacionadas con el uso de los robots en diferentes ámbitos de la experiencia humana

El poder transformador que cada nueva tecnología tiene sobre la sociedad es un hecho demostrado con múltiples ejemplos a lo largo de la historia, desde la revolución agrícola hasta la irrupción de la IA, pasando por la imprenta, la máquina de vapor, el automóvil, el teléfono o los medios de comunicación de masas. Evidentemente, algunos han tenido un impacto más radical que otros, pero lo que también se puede observar es que estas transformaciones se producen en un plazo cada vez más corto. La robótica, y más específicamente los robots autónomos y con capacidades cognitivas, tienen un potencial disruptivo innegable. Las generaciones actuales hemos sido testigos de las transformaciones en la sociedad generadas por el ordenador personal, internet, y la telefonía móvil (incluyendo las redes sociales). Es posible que los robots sociales y de servicios tengan un impacto todavía más marcado que estas tecnologías. Este impacto debe ser positivo, en principio; los científicos y desarrolladores trabajan para que los robots sean herramientas que mejoren la calidad de vida del conjunto de la población. Pero también implica unos riesgos, incluso con la mejor de las intenciones, que se deben saber prever, y anticipar las posibles consecuencias negativas, aplicando el principio de precaución. Aquí es donde la ética juega un papel fundamental para evaluar las posibles consecuencias del desarrollo de los robots, reflexión que no solo debe estar presente en el trabajo de investigación, diseño, desarrollo e implementación de robots, sino también en el trabajo de los legisladores y en la sociedad en general. A menudo se utilizan las palabras ética y *moral* de forma intercambiable, pero se debe tener presente que *moral* tiene un significado más circunstancial, ligado a los valores y costumbres de una sociedad concreta en un momento histórico determinado y, por lo tanto, también tiene un toque más práctico, del día a día, mientras que la ética es fruto de una reflexión racional e individual, e influye en la conducta de la persona de una manera consciente y voluntaria y, por lo tanto, intenta dar respuesta a la cuestión de por qué (o por qué no) tendríamos que actuar tal y como proponen los preceptos morales (Román, 2016). A continuación, repasaremos las ventajas e inconvenientes que puede representar la introducción de robots en diferentes ámbitos, y los dilemas morales que eventualmente se plantean.

El ámbito laboral

A lo largo de la historia de la humanidad se han producido diversos procesos (la revolución agrícola, las diferentes revoluciones industriales) donde la eliminación de ciertos trabajos ha venido siempre acompañada de la creación de nuevas ocupaciones. Estas transformaciones no solo han tenido lugar dentro de cada sector productivo, sino que también han provocado flujos intersectoriales. Con la robótica y la IA, la transformación puede ser, potencialmente y a la larga, mucho más radical, afectando incluso al propio concepto de trabajo y su significación social.

De momento, la única experiencia que tenemos al respecto es en la industria, donde hace ya algunas décadas que se van introduciendo progresivamente los robots. Los robots han reemplazado a trabajadores humanos en tareas peligrosas, pesadas y monótonas, por lo que han supuesto una mejora en las condiciones de trabajo y, por lo tanto, de la calidad de vida de los operarios. Es cierto que han eliminado los perfiles laborales anteriormente a cargo de estos trabajos, pero a cambio han creado otros nuevos: en la propia planta industrial, como programadores y personal de mantenimiento de los robots, e indirectamente como personal productivo, administrativo y comercial en las empresas que fabrican robots, personal de formación y entrenamiento, y personal de investigación y desarrollo. Es posible que en un futuro muchas de estas nuevas tareas también puedan ser realizadas por robots más avanzados. Para la empresa resulta atractivo substituir trabajadores por máquinas, por la reducción de costes que esto significa (si la rentabilidad de la inversión se produce en un plazo relativamente breve), pero no olvidemos que el verdadero objetivo no es reducir costes *per se*, sino maximizar el beneficio a corto (y largo) plazo. Por eso, y porque la empresa tiende a ser conservadora en cuanto a la adopción de nuevas tecnologías (hasta que no están completamente probadas), le resulta todavía más atractivo apostar por equipos mixtos de humanos y robots, lo que es posible hoy en día gracias a los *robots colaborativos*, conocidos como *cobots* (*collaborative robots*). Estos robots están diseñados y programados para trabajar al lado de los trabajadores humanos, sin barreras físicas que los separen, como es preceptivo con los robots convencionales por su peligrosidad, lo que tiene la gran ventaja de no necesitar adaptaciones especiales de los puestos de trabajo. El concepto de *cobot* permite aprovechar lo mejor del trabajador humano (adaptabilidad al cambio, capacidad de decisión, destreza manual) y del robot (precisión, infatigabilidad), y aumentar la productividad y/o calidad del producto. La aceptabilidad del robot por parte del trabajador humano depende de diversos factores, como que lo vea como una herramienta útil que le facilita el trabajo, que no sienta amenazado su puesto de trabajo, que los ritmos no vengan marcados por el robot y sean difíciles de seguir y, en definitiva, que pueda sentir cierto liderazgo dentro del equipo (que no se sienta vejado porque quien manda es la máquina). El uso de *cobots* ralentiza la destrucción de puestos de trabajo en la industria vaticinada por algunas previsiones y estudios, pero se debe hacer de manera inteligente para no deshumanizar los puestos de trabajo.

Algunos estudios sobre el impacto de los robots en el mercado laboral (en general, no solo en el sector industrial) han servido para dar titulares alarmistas a un cierto tipo de prensa. A menudo estos estudios no se limitan al impacto del robot, sino de todas las tecnologías de la información y las comunicaciones (las TIC). Así, por ejemplo, en un famoso estudio de dos profesores de la Universidad de Oxford, se vaticinaba que hasta el año 2030, un 47 % de los lugares de trabajo en Estados Unidos estaban en situación de riesgo debido a la computarización (Frey y Osborne, 2013). Estos vaticinios catastrofistas contrastan, en cuanto a los robots en la industria, con otras estadísticas hasta mediados de la década de 2010: *entre 2009 y 2014, las 62 compañías con mayor base instalada de robots crearon netamente 1,25 millones de nuevos puestos de trabajo, un 20 % más* (Robotenomics, 2015). Hay que ser muy cuidadoso, tanto en la interpretación de las estadísticas, como en las proyecciones de futuro. En un informe de 2022 de la oficina federal de estadísticas de la ocupación de Estados Unidos sobre el impacto de la IA y la robótica en el mercado laboral, se señalan algunas causas de distorsión sobre la correlación entre esta automatización avanzada y la ocupación, como los efectos todavía vigentes de la automatización clásica (tecnologías de automatización más antiguas, *software* de gestión administrativa, internet...), los efectos de escala (crecimiento ocupacional en empresas cuya producción ha aumentado debido a la automatización), o la variación del tipo de tareas debida a la automatización sin pérdida del puesto de trabajo (Handel, 2022). El mismo estudio señala que en la definición de un perfil laboral entran, a veces, diversas categorías que resultarán afectadas de diferentes maneras por la automatización: la introducción de vehículos autónomos incidirá mucho más en el transporte de mercancías a larga distancia por carretera (mayormente autopistas, más adaptables a los vehículos autónomos) que sobre los conductores de hormigoneras, que a menudo hacen trayectos difíciles de automatizar (ambos colectivos entran en la misma categoría de «conductores/ trabajadores de ventas y conductores de camiones»). Por estos motivos, y después de un cuidadoso análisis de la evolución del mercado laboral en el periodo 2008-18, la comparación con las previsiones para el mismo periodo, así como la observación del impacto de algunos avances en IA sobre la ocupación en el principio de la década de 2010, el estudio concluye que la pérdida de puestos de trabajo debida a la robótica avanzada y la IA estará muy por debajo de lo vaticinado para la totalidad del periodo 2010-2030. Lo que sucederá más allá es pura especulación.

Los trabajos con menos riesgo de ser computarizados/robotizados son los que requieren buenas habilidades perceptivas y destreza manual, creatividad, empatía, e inteligencia social (Oxford Economics, 2019). En cuanto a los servicios, concretamente, el consumidor/usuario tendrá la última palabra, aunque evidentemente hay factores, como el precio del servicio, que pueden influir en su decisión, por encima de otras preferencias. Tal vez en algún momento el hecho de que aquel servicio esté prestado por humanos le dará un valor añadido: si en todos los restaurantes los camareros son robots, el local que ofrezca el servicio con humanos lo puede exhibir como un punto de distinción. La posible pérdida de puestos de trabajo, ¿se debe contrarrestar con una política que inhiba la adopción de estas nuevas tecnologías para los sectores productivos y de servicios? En (Oxford Economics, 2019) consideran que no, ya que su repercusión global en la economía puede ser muy beneficiosa. En cambio, proponen que parte de estos beneficios se traduzcan en un *dividendo robótico* que ayude, por un lado, a reducir los efectos sobre los colectivos directamente afectados y, por otro lado, a favorecer su adaptación al nuevo tejido laboral y social.

Figura 25. A menudo, la robótica se asocia popularmente a la pérdida de puestos de trabajo.

El transporte: vehículos autónomos

Esta sección trata fundamentalmente de los vehículos autónomos terrestres; aunque algunos aspectos que se analizarán a continuación se comparten con los UAV, que tienen una problemática específica de la que hablaremos más adelante. Los vehículos autónomos comportan unas ventajas evidentes, relacionadas con la disminución del riesgo de accidentes (no beben ni se drogan, no cometen infracciones ni imprudencias, no se distraen ni se duermen), un tráfico más fluido (coordinación con otros vehículos, favorable al uso del vehículo compartido) y, por lo tanto, más sostenible, comodidad de los usuarios, etc. También hay inconvenientes, como la oposición de los conductores a renunciar a la conducción, el paro en el sector del transporte y de los servicios asociados (restaurantes, hoteles…), vulnerabilidad ante la invasión de la privacidad, el pirateo informático, control remoto, criminalidad y terrorismo.

Desde el punto de vista de la ética, la cuestión más relevante es la transferencia de la capacidad de decisión de un conductor humano a una máquina, especialmente en cuanto a lo que se llama *reacciones programadas en situaciones límite*: como responder ante situaciones inesperadas con posibles daños, como escoger (o no) el mal menor. Esto se conoce en el campo de la ética como el dilema del tranvía: *Un tranvía corre fuera de control por una vía. En su camino hay cinco personas atadas a la vía por un filósofo malvado. Afortunadamente, es posible accionar un botón que encaminará el tranvía por una vía diferente, por desgracia, hay otra persona atada a esta vía. ¿Se tendría que pulsar el botón?* (Foot, 1978). En términos automovilísticos, podemos encontrar una variante que es el dilema del túnel: *Viajas solo en un vehículo autónomo por una carretera de montaña de un único sentido, y te acercas rápidamente a un túnel estrecho. Justo antes de entrar en el túnel, un niño intenta cruzar corriendo, pero tropieza y cae, bloqueando la entrada al túnel. El vehículo [no puede frenar lo bastante rápido para evitar golpear al niño, por lo que] tiene dos opciones: golpear y matar al niño, o girar el volante y chocar contra la pared del túnel, matándote a ti. ¿Cómo tendría que reaccionar el coche?* (Millar, 2014). En una encuesta de *Open Roboethics Initiative* (2014), el 64 % de los encuestados respondieron que, en el caso de ir ellos en el vehículo, debería continuar recto y atropellar al niño.

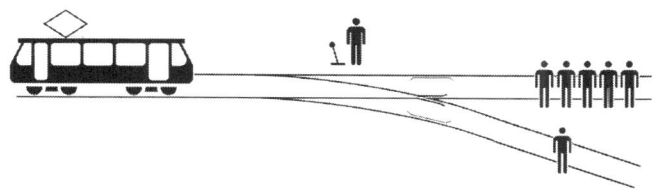

Figura 26. **Representación de la versión más extendida del dilema del tranvía.**

Tratándose de reacciones programadas, es evidente que alguien ha tomado previamente esta decisión, y la cuestión que se deriva es: ¿quién la debe tomar? Pese a que en la mencionada encuesta el 44 % opinaba que debía ser decisión del pasajero o propietario del vehículo, un 33 % optaba por los legisladores, un 12 % por el fabricante/diseñador del vehículo y el 11 % restante, por otros, lo cierto es que al final serán los legisladores los que determinen lo que el fabricante puede incorporar o no en el control del vehículo. Intentar dar respuesta a cada situación que se puede producir requerirá enfrentarse a una casuística enorme, y hay muchísimos casos particulares en los que un conductor tomaría una decisión en un sentido y otros optarían por la contraria. El alcance de la casuística quedó de manifiesto en un experimento social realizado por un grupo de investigación del MIT y que publicó la prestigiosa revista *Nature* (Awad et al., 2018): la única constante es que hay un vehículo con pasajeros y un grupo de peatones cruzando la calle, el resultado de decidir emprender una acción (desviarse) o la otra (seguir recto) es siempre la muerte de los ocupantes del vehículo (que choca contra una barrera) o de los peatones (que son atropellados). A partir de aquí, todo son variables: la barrera se puede encontrar en un lado (seguir recto) o el otro (desviarse), los perfiles de los pasajeros y de los peatones pueden variar en número, sexo, edad, condición social, condición física (incluso pueden ser animales de compañía), y los peatones pueden estar cruzando en verde o en rojo. El número de combinaciones es altísimo (aunque los encuestados solo responden a 13 escenarios aleatorios entre los representativos). Entre otras cuestiones, el estudio, conducido a nivel internacional (miles de encuestados de 233 países y territorios), pone de manifiesto las diferencias culturales entre grandes bloques (sociedades económicamente desarrolladas de occidente, países del sur, países de Oriente Medio y Extremo), lo que ilustra las dificultades de elaborar un código ético universalmente válido. Las normas de circulación ya incorporan implícitamente muchas de estas contingencias (por ejemplo, reducir la velocidad en zonas residenciales o cerca de escuelas), por lo que es probable que los fabricantes se limiten a intentar asegurar su cumplimiento por parte de los vehículos.

El conflicto armado: robots militares

Dentro de la tipología de robots militares (Capítulo 5) los que resultan más cuestionables desde el punto de la ética son los involucrados en misiones tácticas ofensivas, y más concretamente los que están dotados de capacidad letal. De entrada, ya encontramos disparidad de criterio en cuanto a la definición de autonomía de los llamados *Lethal Autonomous Weapon Systems* (*LAWS*), ya que para algunos autores esto comprende la capacidad de detectar y seguir un objetivo concreto, mientras que la decisión de abrir fuego recae en un operador humano (o su superior), y, en cambio, para otros autores la autonomía va más allá, determinando objetivos particulares a partir de una definición de objetivo global y procediendo de forma autónoma a su eliminación. En este último caso, el sistema funciona sin supervisión, en la modalidad conocida como *human out of the loop* (fuera del ciclo percepción-decisión-acción). Hay un consenso generalizado en evitar esta modalidad: siempre tiene que haber un responsable humano, ya sea plenamente involucrado en toda la operación, siguiendo su desarrollo a través de las cámaras que el robot, generalmente un UAV, lleva a bordo, fijando el objetivo y disparando los misiles (*human in the loop*, 'en el bucle'), o como mínimo dando la orden de disparar, limitándose a monitorear las operaciones autónomas de despegue y aterrizaje, de determinación y seguimiento del objetivo (*human on the loop*, encima del bucle). Esta última modalidad está especialmente indicada cuando el operador se debe hacer cargo de todo un grupo (*swarm*, 'enjambre') de UAV que deben funcionar de forma coordinada.

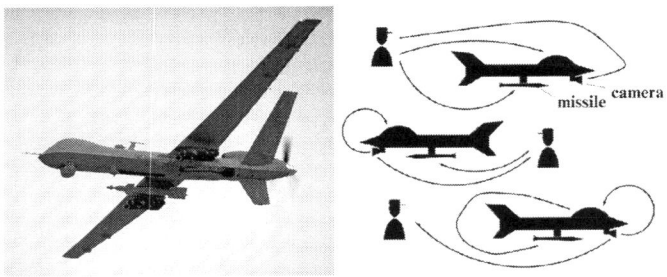

Figura 27. Un dron británico de combate MQ-9 Reaper operando en Afganistán en 2009. Diferentes modalidades de operación de los UAV (de arriba abajo): human (in, on, out of) the loop.

De acuerdo con el *Derecho Internacional Humanitario* (DIH, establecido en 1949 en los convenios de Ginebra), que se aplica en caso de conflicto bélico, cualquier acción armada debe estar justificada por los principios de necesidad militar (contra un objetivo militar legítimo), proporcionalidad (los daños civiles causados no deben ser excesivos en relación con el beneficio militar previsto), y distinción (entre combatientes y no combatientes, incluyendo combatientes heridos o que se han rendido). La cuestión es si un robot completamente autónomo cumplirá mejor estos principios que un combatiente humano. A favor se argumenta que la ausencia de emociones como miedo, rabia, odio o sentimiento de venganza hace que puedan actuar con más objetividad y ajustar su comportamiento a los principios del DIH (Arkin, 2009), y que un robot militar puede ser programado para incapacitar temporalmente a un combatiente enemigo, sin daños permanentes o muerte, en circunstancias en que un combatiente humano tal vez tuviera únicamente la opción de matar (Lokhorst y Van den Hoven, 2014). Ahora bien, también es cierto que las limitaciones de los sistemas sensoriales actuales y de la capacidad de interpretación, puede llevar a la falta de proporcionalidad, por la dificultad de medir objetivamente si un sufrimiento es innecesario (Sharkey, 2014), y de distinción (hoy en día, muchos combatientes no llevan ningún tipo de uniforme).

Otro factor que se tiene que considerar es el desequilibrio que se genera entre una nación o facción altamente tecnificada y otra que no, ya que la primera puede utilizar robots de combate, tendrá menos efectivos humanos en el lugar de los combates, y por lo tanto menos bajas o daños personales, con lo que puede adoptar más fácilmente una actitud beligerante, renunciando a otras vías como la diplomática. Tampoco se puede obviar el efecto de la distancia física y psicológica de los combatientes, al ejecutar su trabajo en un entorno similar al de los videojuegos (pantallas, mandos).

La campaña internacional *Stop killer robots*, iniciada en 2013 con 272 signatarios, entre científicos, ingenieros, expertos en robótica e IA de 37 países, pedía prohibir el desarrollo y despliegue de LAWS. El problema no radica solo en el hecho de que los países con ejércitos regulares se pongan de acuerdo en ratificar esta prohibición, sino que estas armas autónomas puedan ser utilizadas por agencias opacas como los servicios secretos, por grupos paramilitares, mercenarios contratados por corporaciones, crimen organizado o terroristas.

La salud: prótesis, robots cirujanos y asistenciales

El ámbito de la salud es un campo abonado para el debate ético: trata de la intervención humana en la calidad de vida de las personas, generalmente en un momento o circunstancias que las hacen especialmente vulnerables. Mucho antes que la ética de los robots, la *bioética* se ha ocupado de cuestiones que han suscitado un intenso debate ético. Aquí enfatizaremos tres temas en los que la robótica juega un papel fundamental: las prótesis, las intervenciones quirúrgicas, y la asistencia y rehabilitación de pacientes.

Ya describimos las prótesis robóticas en el Capítulo 5, y señalamos que, en principio, no se podía considerar que restablecer las capacidades normales de movilidad o manipulación de una persona fuera éticamente cuestionable. Pero hay algunos aspectos que se tienen que considerar desde una perspectiva ética.

La *seguridad* del usuario está relacionada con dos aspectos: la fiabilidad de la prótesis y la intrusión por parte de un tercero. La fiabilidad del aparato se fundamenta en el cumplimiento de las especificaciones del fabricante (que no siempre coinciden con las expectativas del usuario, es responsabilidad del terapeuta que se ajusten a la realidad). Las consecuencias de un mal funcionamiento de una prótesis van más allá de las de un aparato cualquiera, ya que puede causar daños físicos en el usuario, y en todo caso comprometer sus capacidades motoras. También puede causar daños a objetos u otras personas, por ejemplo con una mano que apriete demasiado fuerte. En estos casos se tendrá que averiguar si el causante del mal funcionamiento es el fabricante, el terapeuta, o el propio usuario por un mal uso. En cuanto a la intrusión de un *hacker* que tome el control, remotamente, de la prótesis, puede dar lugar a un nuevo tipo de criminalidad. Aunque la responsabilidad principal recae en quien accede ilegalmente, también puede afectar al fabricante si no ha tomado las medidas antipiratería suficientes, o al propio usuario si ha sido negligente en este aspecto.

La *desigualdad* en el nivel adquisitivo de los usuarios se puede poner de manifiesto si las prótesis no están subvencionadas por el Estado, o si el Estado solo favorece a determinados colectivos (como el personal militar). Son un producto caro por definición, ya que no solo no están producidas en masa como otros productos de consumo, sino que deben estar adaptadas a las características anatómicas y funcionales particulares del paciente y, además, hay que añadir el coste de rehabilitación y entrenamiento.

Más allá de restablecer capacidades perdidas, las prótesis pueden dotar a su usuario de *capacidades sobrehumanas.* ¿Se tiene que permitir la substitución de un miembro u órgano perfectamente sano y funcional por una versión artificial mejorada? De nuevo, esto solo estaría al alcance de una élite, que añadiría a su fortaleza económica unas mayores capacidades físicas y posiblemente también mentales. El debate sobre estas cuestiones es similar al de las mejoras genéticas introducidas en el embrión.

Los robots cirujanos han mejorado mucho la calidad de las operaciones y de los postoperatorios, pero no están exentos de posibles fallos en el sistema de control, lo que puede tener graves consecuencias sobre la mesa de operaciones. Se tiene que prever también el efecto del exceso de confianza en el sistema automático (*overtrust*): el cirujano puede no estar tan atento como debería o discrepar de algunas opciones tomadas por el sistema, y, aun así, seguir adelante con la operación por confiar excesivamente en el robot. Este fenómeno también se puede dar en el caso de los robots de rehabilitación, donde los padres o el fisioterapeuta pueden confiar demasiado en la pauta establecida por el sistema automático, pese a que en las primeras repeticiones el paciente infantil muestre evidentes signos de malestar (Borenstein et al., 2017). Este exceso de confianza tiene mucho que ver con una delegación, consciente o no, de responsabilidades en el sistema automático, como si haber seguido sus indicaciones de forma acrítica sirviera de atenuante para los responsables humanos en caso de producirse un daño.

Figura 28. Las prótesis robóticas de mano son hoy en día un artículo fuera del alcance de la mayoría de las personas.

Los robots de rehabilitación y los asistenciales que hacen tareas de enfermería tienen que dar soporte a los profesionales, descargándoles de los trabajos más rutinarios o físicamente exigentes y, en cambio, permitiendo que puedan proporcionar una atención de calidad al paciente. El problema se da cuando se consideran estos robots no en términos de complementariedad, sino de substitución: la falta de contacto humano puede influir muy negativamente en la recuperación del paciente, por las inevitables sensaciones de abandono y deshumanización.

El hogar: robos domésticos

El hogar es la expresión física del ámbito privado, y su función principal es ofrecer refugio y seguridad. El robot puede contribuir a la tranquilidad de los inquilinos no solo garantizando la limpieza y el buen funcionamiento de la logística doméstica, sino que también ejerciendo funciones de vigilancia en ausencia física de los habitantes o durante su descanso. Ahora bien, esta vigilancia puede cambiar de sentido e invadir la esfera privada desde el exterior, también a través del robot. Es cierto que con la telefonía móvil y las redes sociales se ha facilitado el acceso externo a los datos privados, que muchas veces suministramos de forma voluntaria y tal vez un poco inconsciente. Esto ha dado lugar a efectos no deseados, como afectaciones al derecho de imagen, daños económicos y ciberacoso. Con el robot doméstico, la intrusión en el ámbito privado puede adquirir nuevas dimensiones, como señala Ryan Calo (2014):

- Puede proporcionar *nuevas vías de acceso,* ya no a ficheros y documentos, sino a habitaciones, objetos o habitantes del hogar. El robot se puede desplazar por todo el hogar, abrir puertas, manipular objetos, guardar imágenes con sus cámaras. No hablamos solo de la actividad potencialmente criminal de un hacker que ha tomado el control del robot, sino también de la invasión de nuestra privacidad que con cobertura legal (o sin) pueden ejercer compañías, medios o agencias estatales.
- La dimensión social del robot también puede reducir el espacio y el tiempo de soledad que necesitamos para interiorizar y reflexionar, el tiempo que necesitamos para estar con nosotros mismos. Además, puede inducir al usuario a compartir sus pensamientos más íntimos, a convertirse en una clase de *confidente.* De nuevo, esta información puede ser utilizada por terceros para explotar las vulnerabilidades del usuario.

El mismo autor señala que, al margen de los robots domésticos, también otros robots, que pueden revestir cualquier forma y tamaño, camuflarse y estar dotados de múltiples sensores, pueden ser utilizados para hacer una *vigilancia directa* en espacios privados, sea para espionaje, para voyerismo, o con fines comerciales.

Las relaciones personales e íntimas: robots personales

Un robot asistencial o un robot doméstico puede tener una segunda naturaleza, la del robot personal: personalizado al gusto del usuario, le puede proporcionar información, consejo, y entretenimiento, de forma no tan diferente de cómo lo haría un asistente personal humano, o incluso un amigo. La tendencia humana a crear vínculos afectivos con objetos o aparatos por el servicio que nos dan o por la manera en la que tomamos su posesión (por el esfuerzo invertido, o por la persona que nos lo dio) se ve multiplicada en el caso del robot:

- por su antropomorfismo (con pocos indicios vemos un *rostro*, igual que identificamos los faros de un coche como sus ojos), o, si es el caso, similitud con un animal de compañía.
- por la riqueza y variación, a veces inesperada, de sus movimientos (por lo que inconscientemente le atribuimos intencionalidad).
- por la propia interacción, que puede incorporar elementos gestuales o de simulación de emociones, o incluso desarrollarse a nivel conversacional.

Estos vínculos afectivos pueden tener efectos positivos si forman parte de un engaño consentido, una *suspensión de la incredulidad* similar a cómo nos dejamos maravillar por un ilusionista, y permiten, sin la presión de la presencia humana, practicar formas saludables de comunicación interpersonal (con supervisión por un terapeuta o familiar), o inducen a mantener hábitos de vida saludables (toma regular de medicamentos y agua, el ejercicio físico o ejercitar las inquietudes intelectuales). Pero no tenemos que obviar los posibles efectos adversos, como que la relación se puede volver obsesiva y/o excluyente de otras personas, con intensas sensaciones de pérdida si por avería y obsolescencia el robot deja de ser operativo, o que terceros (incluyendo el propio fabricante del robot) se aprovechen de estos vínculos para manipular al usuario, por ejemplo, para hacerle comprar cosas que realmente no necesita.

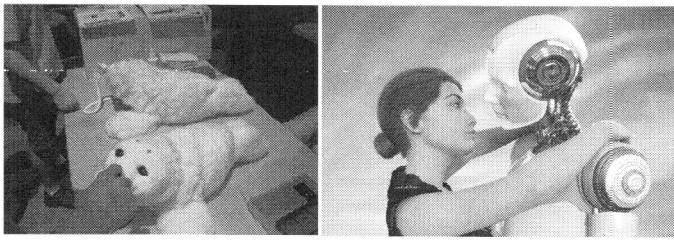

Figura 29. Las mascotas robóticas pueden provocar el desarrollo de vínculos afectivos en sus usuarios, como es el caso del robot terapéutico *Paro* con forma de bebé foca, creado por el profesor Takanori Shibata. Tal vez algún día estará socialmente aceptado tener robots como compañeros sentimentales o sexuales.

Los diseñadores y fabricantes tendrán que tomar las medidas necesarias para preservar la dignidad humana, especialmente en el caso de colectivos vulnerables como infantes, gente mayor, personas con discapacidad física o mental, o personas con dificultades de integración social, siempre contemplando la existencia de un marco legal regulador.

Con una creciente sofisticación y un antropomorfismo cada vez más refinado, los robots atenderán otro tipo de relaciones: las afectivas y/o sexuales. En una sociedad tolerante y abierta no tendría que haber ningún impedimento moral para aceptar las relaciones sexuales entre personas y robots, siempre que sean voluntarias y consentidas por la parte humana. Por el mismo motivo, y dentro del ámbito de una economía de mercado, siempre en busca de oportunidades de negocio, tampoco habría problema para diseñarlos y construirlos. Las dudas comienzan con las implicaciones legales: si más allá del sexo se llega al enamoramiento, y la parte humana de la pareja decide casarse con el robot, ¿se podría contemplar una unión legal, a todos los efectos (incluyendo derechos de propiedad sobre el legado vital y económico en caso de muerte)? Estas cuestiones no son meramente especulativas: la poderosa industria del sexo está invirtiendo en el desarrollo de muñecas (y muñecos) sexuales robóticos (de momento todavía para un público muy poco exigente), y ya se han dado casos de expedición de certificados de matrimonio (sin valor legal) entre los clientes de la empresa Gatebox y sus asistentes personales en forma de holograma (Jiménez de la Fuente, 2019).

Posiblemente, los robots pueden llegar a ser compañeros sexuales altamente gratificantes, modelados al gusto del usuario, tanto físicamente como en cuanto a su comportamiento. Sus defensores argumentan que pueden aumentar el nivel de satisfacción sexual del conjunto de la población, contribuyendo a una sociedad más relajada, menos frustrada y violenta, que pueden proporcionar satisfacción sexual a personas con dificultades físicas y/o sociales, así como reducir el tráfico de personas y su explotación sexual. Los ven como la evolución lógica de los aparatos de satisfacción sexual y, por lo tanto, no son moralmente objetables (Levy, 2014). Al ser percibidos como objetos, evitan la aparición de sentimientos de infidelidad si uno de los miembros de la pareja humana decide usarlos.

Los detractores cuestionan estas supuestas ventajas y, en cambio, objetan que provocan el deterioro de las relaciones entre las personas, al acostumbrar a sus usuarios a que la relación de una pareja sigue el guion que ellos han previsto y disminuir la tolerancia a las opiniones divergentes, a voluntades diferentes de la suya, así como que empobrecen los matices de una relación, más versátil y diversa que la suma de dos voluntades. También pueden fomentar una opinión despectiva hacia el género representado (mayoritariamente femenino), y facilitar el aislamiento social (aunque también puede ser que promueva la relación entre sus usuarios, como las comunidades de propietarios de mascotas).

El debate está plagado de argumentos por los dos lados, pero las posturas más tolerantes y defensoras del *laissez faire* se verán confrontadas a otros dilemas más punzantes, como si también se debe permitir la fabricación de robots infantiles para pederastas, o robots que *sufren* para psicópatas... ¿Disminuirá esto el número de víctimas humanas o, de lo contrario, contribuirá a la insensibilización hacia el sufrimiento humano?

¿Es factible construir robots éticos?

Hoy en día, los robots están dotados de lo que se conoce como *moralidad operacional*, su significación moral es la que les han proporcionado los diseñadores, fabricantes y usuarios (Wallach y Allen, 2009). En oposición a esta moralidad pasiva, muchas de las cuestiones éticas que hemos repasado necesitan máquinas que sean *agentes éticos explícitos* (donde la resolución de un dilema moral sea fruto de un razonamiento explícito y razonado). La expresión máxima sería lo que los propios autores citados llaman *agencia moral plena*, atributo que, por ahora, es exclusivo de los humanos, ya que requiere consciencia, voluntad, y objetivos propios. Entre los dos extremos, los autores definen la *moralidad funcional*, con la que, a través de un proceso de razonamiento deliberativo, los robots tendrían que ser capaces de evaluar y responder a cuestiones morales. Esta capacidad deseable y necesaria, ¿cómo se puede implementar?

La ética ha sido a lo largo de la historia uno de los principales campos de estudio y reflexión por parte de la filosofía. Entre todos los sistemas éticos desarrollados a lo largo de los siglos, los más destacados (y relevantes para la robótica) son los siguientes:

- La *deontología* estudia el fundamento del deber y las normas morales, partiendo del postulado de que las acciones tienen un valor por sí mismas, independientemente de sus consecuencias reales. Esto se traduce en conjuntos de reglas de obligado cumplimiento por parte de los diferentes colectivos humanos. El representante más destacado de esta corriente es Immanuel Kant (1724-1804) y su imperativo categórico. La principal dificultad a la que se enfrenta es la ambigüedad del lenguaje y, por lo tanto, la interpretación de las reglas. En el caso de la robótica en la ficción, ya describimos las tres reglas de Isaac Asimov, pero tenemos que insistir en que se trata de un recurso literario. Asociaciones profesionales, profesores universitarios y de otras instituciones han elaborado sus propias listas de principios éticos de la robótica y la IA (Winfield, 2018). En cuanto a la posible implementación en un robot, los problemas que aparecen no son menores:
  - Percepción: Para poder aplicar una regla a una

situación percibida, por ejemplo, por visión, todos los elementos y actores significativos de una imagen y las relaciones entre ellos deben ser identificadas correctamente y sin ambigüedades. Hoy en día, la visión por computador todavía tiene importantes carencias en este sentido.

- Interpretación: Una interpretación literal de la regla *No permitir que un humano sufra daño* haría que un robot impidiera al cirujano practicar una incisión en un paciente. Se pueden formular excepciones, pero la casuística de excepciones particulares a una regla genérica puede ser abrumadora e intratable.

- Grado de peligrosidad de las realizaciones concretas de una regla general: *Ocasionar un daño* a una persona va desde causarle una contrariedad leve hasta causarle la muerte. El contexto es muy importante, pero también muy diverso.

- Conflicto entre reglas: Se pueden establecer prioridades entre reglas, pero también es posible que en un contexto determinado una regla prioritaria tenga una probabilidad mínima de ser aplicable y, por lo tanto, no sea relevante.

• El *consecuencialismo* opta por una perspectiva opuesta a la deontología: lo que importa son las consecuencias de una acción, ni esta ni la intención que la incita tienen valor por sí mismas. La acción es buena si lo son sus consecuencias. Una de sus variantes, el *utilitarismo* (Jeremy Bentham (1748-1832) y su discípulo John Stuart Mill (1806-1873)) resume el *principio de utilidad* como conseguir el máximo beneficio para el máximo número de personas. Un robot consecuencialista tendría que dominar las siguientes habilidades computacionales, con los problemas inherentes de cada una:

- Una manera de describir el estado del mundo. Pero, ¿cuál es la parte relevante del mundo que debe ser descrita en cuanto a la acción que se está evaluando, donde detener la evaluación de todos los posibles afectados por la acción?
- Una forma de generar posibles acciones. Pero el rango de posibles acciones también depende del número e identidad de posibles afectados.
- Una forma de predecir el estado resultante si se aplica la acción al estado actual. Suponiendo que podemos tratar la incertidumbre en los efectos de cualquier acción, es posible que se puedan tener en cuenta los efectos inmediatos de una acción, pero esta también puede tener efectos a medio y largo plazo. Por todos es sabido que muchas veces se debe optar por un mal menor para evitar males mayores. ¿Hasta qué punto se tienen que evaluar las posibles ramificaciones de una acción y sus probabilidades?

- – Un método para evaluar las situaciones en términos de su bondad (utilidad, deseabilidad, beneficio…). ¿Pero cómo se puede cuantificar, medir objetivamente? ¿Se pueden priorizar los placeres que resultan de una acción o de otra?

- La ética *de las virtudes* está relacionada con el carácter de las personas: la acción éticamente correcta es la que realizaría una persona virtuosa en la misma situación. Formulada por Platón y sobre todo por Aristóteles, hay versiones modernas de las virtudes aristotélicas, así como de los vicios que resultan de su defecto o de su exceso. Aquí también es problemática la implementación en un robot: ¿cuáles son las personas virtuosas que deben actuar de modelo? Una persona considerada virtuosa en un contexto sociohistórico determinado puede ser vista como un fanático intransigente en otro. Considerando que se pudiera llegar a un consenso sobre qué atributos se pueden considerar virtudes, ¿cómo se determinaría el término medio adecuado para cada una de ellas?

Tanto la deontología como el consecuencialismo son teorías normativas que proceden de forma descendente (*top-down*) de un principio genérico a su aplicación en una situación concreta. Ya hemos visto sus dificultades de implementación, relacionadas en el fondo con el problema de marco (*frame problem*) de la IA general y del sentido común: determinar el alcance de aquello más relevante. Sin embargo, no se tienen que descartar del todo, ya que, por un lado, son relativamente fáciles de introducir en el *software* de control de un robot (a alto nivel, muchas decisiones que deben tomar para realizar sus tareas son formuladas precisamente con reglas) y, por otro lado, pueden funcionar como heurísticas para guiar la selección de la mejor acción a tomar. Alternativamente, podemos considerar los planteamientos ascendentes (*bottom-up*), es decir, el aprendizaje a partir de situaciones y decisiones concretas. De hecho, es como los humanos adquirimos nuestros valores éticos, pero tampoco está exento de problemas: ¿qué ejemplos garantizan el aprendizaje de comportamientos éticamente acertados? ¿Cómo evitar los sesgos en los datos utilizados en el aprendizaje? Posiblemente, la mejor solución sea combinar los dos enfoques, contrastando los comportamientos aprendidos con los principios normativos más genéricos de las formulaciones *top-down,* para llegar a construir máquinas con un nivel adecuado de moralidad funcional. Las ventajas y una posible forma de implementar este *enfoque híbrido* se encuentran descritas en (Wallach y Allen, 2009).

Importancia de la formación en roboética

La reflexión ética y la consiguiente regulación de una tecnología tiende a producirse bastante después de su despliegue. Este retraso ha sido especialmente agudo en el caso de la inteligencia artificial (IA), debido a la rapidez con la que se han desarrollado aplicaciones en un amplio abanico de dominios y su incidencia en la sociedad y en la vida cotidiana de las personas. La corporeidad de los robots amplifica algunos de los riesgos de la IA e introduce nuevos, pero también reduce otros. Entre los primeros, ya hemos señalado la privacidad, que se puede ver más comprometida por la movilidad del robot, que puede compartir información mucho más allá de los datos introducidos por el usuario en sus dispositivos, e incluso sin su conocimiento. La seguridad física y emocional de los usuarios también puede ponerse más en riesgo, así como su autonomía, libertad para tomar decisiones y, en definitiva, el control de su propia vida, especialmente en el caso de colectivos vulnerables. Por lo contrario, la realización y despliegue de los robots se produce necesariamente de forma más lenta que el desarrollo de aplicaciones de IA, y proporciona así la oportunidad de hacer una profunda reflexión previa sobre la ética, en particular en el caso de la robótica social, que ya se está produciendo en equipos multidisciplinarios con experiencia tanto en ámbitos tecnocientíficos como de humanidades y ciencias sociales (Pareto et al. 2021). La reflexión sobre roboética, nombre con el que se abrevia la ética de la robótica, acostumbra a hacerse en dos niveles, individual y social, y los temas tratados pueden agruparse en ocho categorías: dignidad humana, autonomía humana, transparencia del robot, vínculos emocionales, privacidad y seguridad, justicia, libertad, y responsabilidad (Torras, 2024).

La regulación es importante (IEEE Standards Association 2019), pero todavía lo es más la formación de todos los agentes involucrados, desde las administraciones hasta los usuarios finales, pero muy especialmente para profesionales, presentes y futuros, de estas tecnologías. Ya hace años que en Estados Unidos se incluyen cursos de tecnoética en los planes de estudios de las carreras tecnológicas, y en nuestro país también hay iniciativas en esta dirección. Algunos profesores complementan los textos filosóficos con ejemplos de situaciones extraídas de relatos de ciencia ficción, dado el atractivo de esta narrativa para los estudiantes. Después de impartir durante siete años el curso *Ciencia ficción y* ética *computacional*, Burton, Goldsmith y Mattei (2018) afirman que, en su experiencia, «recurrir a la ficción para enseñar ética permite a los estudiantes hablar y razonar con seguridad sobre cuestiones difíciles y emocionalmente connotadas sin llevar el debate al terreno personal». Estos profesores, que utilizan relatos de autores clásicos como Asimov, Bradbury o Dick, describen descubrimientos pedagógicos muy interesantes hechos a lo largo de los años que merecen una lectura atenta. Un curso similar sobre Ética *de la robótica social*, basado en la novela *La mutación sentimental* (Torras, 2008), ha sido desarrollado en nuestro país y posteriormente impartido en diversas universidades por todo el mundo. Los materiales pedagógicos de este curso están disponibles gratuitamente, tanto a nivel universitario como de secundaria y formación profesional (el lector encontrará los enlaces en *Lecturas recomendadas* al final del libro).

En definitiva, la creciente interacción con tecnologías informáticas y robóticas en todo tipo de contextos cotidianos genera importantes retos sociales y éticos que hay que tratar en profundidad. Esto exige que los grados tecnológicos se acerquen a las humanidades, de forma que estudiantes y profesionales sean conscientes de los posibles aspectos que tendrán que afrontar a lo largo de su carrera y aprendan a analizarlos y debatirlos.

Capítulo 7

Un futuro con robots

Los robots del siglo XXI

En 1988, el Dr. Bill Townsend fundó la empresa Barrett Technologies. Muy avanzado a su tiempo, la idea era desarrollar tecnologías que permitieran al robot trabajar en contacto con los humanos. El resultado fue un robot, el WAM™ (por *Whole Arm Manipulator*) intrínsecamente seguro: con motores de accionamiento directo (*direct drives* en inglés, es decir, sin reductores) que pueden suministrar pares elevados a baja velocidad, el movimiento se transmite a las articulaciones del codo y la muñeca con cables. Esto elimina el juego que siempre hay en los engranajes, pero sobre todo permite lo que en inglés se conoce como *backdrivability*, y en castellano se tiene que expresar con una frase: accionamiento revertido, es decir, el usuario puede mover directamente el brazo y la fuerza se refleja directamente en los motores (lo que no es posible en un brazo con control de posición sin utilizar un sensor de fuerzas). La programación en código abierto permite introducir los mismos algoritmos de control, como los que se desarrollaron en el Institut de Robòtica i Informàtica Industrial (CSIC-UPC) y que permiten asistir al usuario mientras se viste, sin ningún riesgo, como se puede ver en la Figura 30.

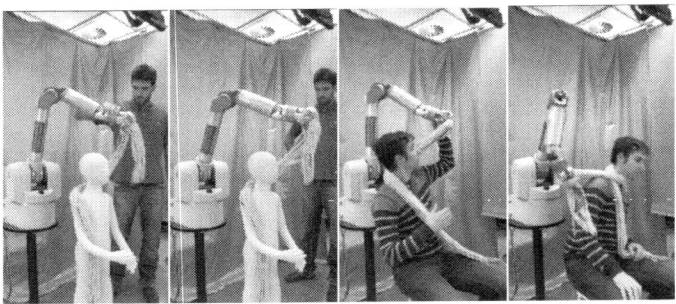

Figura 30. Una vez aprendidos (por demostración) los movimientos necesarios para colocar una bufanda, el robot puede ejecutar esta operación, sin posibilidad de asfixiar al usuario, quien puede alterar la trayectoria o interrumpir al robot en cualquier momento.

Este es precisamente el fundamento del concepto de *cobot* (por *collaborative robot*, es decir, robot colaborativo) que está marcando la tendencia más destacada en cuanto a los robots industriales. El cobot es un robot intrínsecamente seguro, que puede trabajar al lado de un humano y no tiene que estar cerrado en una jaula como los robots industriales tradicionales. En el panorama de la robótica industrial han aparecido empresas especializadas en la fabricación de cobots, como Universal, Doosan, Kinova, o Aubo, por citar algunas, pero los fabricantes de robots clásicos también están sacando nuevas líneas de productos del tipo cobots, como ABB, Fanuc, Yaskawa Motoman, o KUKA, entre otros.

Por su lado, los robots móviles industriales también están experimentando una revitalización: gracias a la flexibilidad que proporciona el nuevo paradigma de robot móvil autónomo, no están limitados a seguir caminos prefijados, sino que pueden navegar por todo el espacio libre de las instalaciones donde se han desplegado, gracias a sus sensores y algoritmos de localización y navegación basada en balizas, y de planificación de movimientos. Esto explica su rápido despliegue para hacer tareas de transporte en almacenes, así como su introducción gradual en otros sectores, como por ejemplo el hospitalario.

Los robots de campo se benefician de los avances tecnológicos que se van produciendo en percepción, movilidad y destreza. Un robot agricultor, por ejemplo, debe poder percibir el grado de madurez del fruto, debe poder moverse por los campos sin tropiezos, y debe ser lo bastante diestro para recoger la fruta sin dañarla o dañar el resto de la planta. Muchos centros de investigación están involucrados en proyectos proporcionando resultados muy alentadores en cuanto a estas tres características. Pero donde los robots de campo han mostrado su valía de forma más espectacular es, sin duda, en la exploración del espacio, y más concretamente de nuestro planeta vecino, Marte. El siglo XXI empezaba con el éxito extraordinario de los robots *Spirit* y *Opportunity*, que llegaron a Marte en 2004 y recorrieron el planeta rojo, enviando datos más allá del plazo inicialmente previsto, hasta 2010 y 2018, respectivamente. También debemos mencionar la misión *Mars Science Laboratory*, con el robot *Curiosity* (que descendió sobre Marte en 2012) y la misión Mars 2020, con el rover *Perseverance* y el dron *Ingenuity* (descenso sobre Marte en 2021). Aunque se acabará enviando humanos, al menos para explorar los alrededores de nuestro sistema solar, lo cierto es que el uso de robots es mucho más eficiente en términos de costes y mucho menos complejo en términos logísticos, y por lo tanto las misiones robóticas de exploración espacial todavía serán mayoritarias durante muchos y muchos años. En cambio, donde todavía queda mucho por mejorar en la familia de los robots de campo es en las misiones de rescate, como demostró el desastre nuclear de Fukushima Daiichi en 2011. Ya se utilizaron robots remotamente controlados desde el principio, lo que no evitó la involucración necesaria de operarios humanos, muchos de ellos sobreexpuestos a la radiación. Diez años después y con inversiones multimillonarias, se consiguió desarrollar robots bastante resistentes a los altísimos niveles de radiación, capaces de llegar a las partes sumergidas del reactor y encontrar los primeros indicios del combustible fundido (Stahl, 2021). Todavía hay camino por recorrer en el desarrollo de robots que puedan colaborar de forma efectiva en el rescate de personas en el contexto de terremotos, inundaciones, incendios, etc.

Figura 31. El rover *Perseverance* de la NASA haciendo un autorretrato sobre la superficie de Marte, en 2021. A su lado, el dron *Ingenuity*.

Según algunas previsiones de hace pocas décadas, seguramente demasiado optimistas, ahora tendríamos que vivir rodeados de robots realizando diversos servicios, tanto en entornos urbanos como domésticos. En este contexto, es preciso mencionar el caso de la cadena de hoteles Henn Na. En estos hoteles, el personal robotizado incluye los conserjes (con forma humanoide y de velociraptor), un sistema de almacenaje de equipaje, un mozo de hotel o botones consistente en un vehículo que transporta la maleta a la habitación, y un asistente fijo dentro de la habitación que da información y gestiona luces, televisión, etc. Al cabo de pocos meses de estrenarse, el gerente se vio obligado a contratar (o readmitir) a mucho personal humano (y *despachar* a unos cuantos robots): los conserjes no dejaban de ser unos animatrónicos que hacían poco más que dar información, y a veces de forma insuficiente (la facturación y la salida la gestionaba el propio huésped en una máquina de autoservicio), el portamaletas iba desesperadamente lento, y el asistente de habitación solo admitía instrucciones en japonés con una dicción perfecta. Seguro que la tecnología puede acabar dando respuesta a todos estos problemas, y que incluso el asistente robótico pueda llegar a atender las necesidades del huésped de forma más eficaz que el personal humano, pero siempre tendrá una carencia: el contacto humano, especialmente relevante para el viajero que se encuentra lejos de casa. De esta experiencia se pueden sacar dos lecciones: una, que la tecnología todavía tiene que madurar en algunos aspectos para poder dar un buen servicio. Es decir, la implementación de la robótica no se puede fundamentar en la pura apariencia, sino en dispositivos y algoritmos de eficacia consolidada. Y dos, los robots solo deben reemplazar al personal humano en aquellas tareas donde el contacto humano sea realmente irrelevante, y, en cambio, pueda aportar una mejora, tanto en el servicio ofrecido, como en las condiciones de trabajo de los humanos. Torras (2023a) imagina un futuro a 10 años vista en el que la segunda lección se ha aplicado en el ámbito de la salud, con soluciones robóticas plausibles para la atención en centros sociosanitarios y residencias de personas mayores, así como para la asistencia domiciliaria, y muestra cómo los embriones de estas soluciones ya están presentes en las investigaciones actuales.

Esto no quiere decir que los robots de servicios que funcionan no sean ya una realidad; todo depende de las pretensiones sobre sus capacidades. Por ejemplo, el robot *Nao*, de la empresa francesa *Aldebaran Robotics* (fundada en 2005) que posteriormente (2013) fue adquirida por la japonesa *SoftBank Robotics*, ha sido una historia de éxito, desde que se presentó al gran público en la competición internacional *RoboCup* de 2008: profusamente utilizado en educación y en centros de investigación, a finales de 2022 había más de 13 000 robots Nao utilizados en 70 países del mundo. La misma empresa sacó un nuevo producto, el robot *Pepper*, en 2015, del que se vendieron las 1000 unidades de salida en tan solo seis minutos. Con un fuerte hincapié en la interacción con los humanos, capaz de identificar y simular emociones, Pepper ha sido aplicado sobre todo en la recepción y en puntos de información en centros comerciales y aeropuertos, así como en centros educativos y en investigación. Sin embargo, una vez superada la novedad, la demanda no ha sido la esperada: después de vender 27 000 unidades, muy por debajo de las previsiones, SoftBank anunció en 2021 que interrumpía la producción. La división europea de la empresa fue adquirida en 2022 por la multinacional *United Robotics Group*, con sede en Alemania, que continúa distribuyendo a Nao y Pepper, conjuntamente con robots más modernos: *Plato* (para tareas repetitivas de transporte en entornos como restaurantes, hoteles, etc.) y *uMobileLab* (para asistir al personal en tareas de laboratorio).

A nivel más cercano, tenemos que destacar la empresa *PAL Robotics*, con sede en Barcelona, que produce robots humanoides y plataformas móviles desde 2004. Sus robots TIAGo, con uno o dos brazos, se utilizan mucho en centros de investigación. Y es precisamente gracias a la investigación en la cinemática y diseño de los robots, en sus habilidades de navegación y localización, en la percepción cada vez más precisa y en la manipulación cada vez más diestra, en su capacidad de aprender, de planificar y de razonar, así como de interactuar con los humanos, que los robots de servicios y domésticos podrán cumplir, cada vez de manera más amplia, las expectativas de los usuarios. A modo de ejemplo, un tema de investigación candente es la manipulación de ropa por parte de robots: por un lado, es fundamental que un robot que tenga que asistir a una persona con limitaciones físicas sea capaz de manipular las piezas de vestir (lo que se puede hacer extensivo a los robots que tengan que trabajar en la industria de la moda y distribución y venta de ropa), y, por otro lado, es un tema de investigación extraordinariamente complejo y que presenta muchos retos, desde la percepción y clasificación de piezas de ropa que pueden estar en cualquiera de sus infinitas configuraciones (Jiménez y Torras, 2020), hasta la manipulación necesaria para doblar, extender, alisar o ayudar a vestir una pieza de ropa, retos que han sido abordados en el proyecto CLOTHILDE (2018-2023).

Figura 32. El robot Nao; el robot Pepper; dos robots TIAGo extendiendo un mantel sobre una mesa.

La seguridad, la ética, y la importancia de legislar

La creciente sofisticación de los robots, acompañada de una mayor difusión y popularización de estas máquinas, hace crecer también el número de situaciones en las que las decisiones y las acciones del robot tienen una significación ética. Sea de forma intencionada o no, por accidente, negligencia, o como delito doloso (i.e. intencional), las acciones del robot pueden tener consecuencias en forma de daños morales, económicos o físicos, y la sociedad tiene el deber de proteger, y en su caso compensar, a la víctima, así como intentar evitar que se vuelvan a producir.

De hecho, ya ha habido accidentes mortales con robots, desgraciadamente. El primero se produjo en 1979 en una planta de moldeamiento de la Ford Motor Company en Michigan, cuando un robot de una tonelada de peso golpeó al trabajador Robert Williams en la cabeza. La empresa fabricante del robot, Litton Industries, fue condenada cuatro años más tarde al pago de una indemnización multimillonaria a los herederos de Williams. Tan solo dos años más tarde de este primer accidente mortal con un robot, se produjo el primer accidente mortal en una fábrica de robots, al quedar el trabajador Kenji Urada fatalmente atrapado entre un robot y una máquina rectificadora, en una planta de la Kawasaki Industries en Akashi, Japón. La falta de formación de los trabajadores (sus compañeros fueron incapaces de parar el robot), y un sistema de seguridad insuficiente (el trabajador había saltado por encima de la valla de protección para comprobar el funcionamiento del robot) fueron señaladas como las causas del accidente. El robot en cuestión fue retirado, y las vallas de seguridad se hicieron de una altura superior a la de una persona.

La falta de previsión de que se podían producir accidentes de este tipo, con unas máquinas que siguen trayectorias complejas o que pueden hacer movimientos imprevistos, puso de manifiesto la importancia de regular con suficiente anticipación, como están haciendo algunas iniciativas legislativas de las que hablaremos a continuación, intentando avanzarse a la posible evolución de la tecnología y de su implementación. Los accidentes se producen y se seguirán produciendo, pero la normativa puede hacer disminuir su frecuencia y/o la gravedad de sus consecuencias. Estas iniciativas van más allá de la robótica industrial, y los hechos corroboran su necesidad, ya que también se han producido accidentes mortales con otros tipos de robots, como un cañón antiaéreo semiautónomo, que en 2007 mató por accidente a nueve soldados del ejército sudafricano e hirió a unos 14 más que estaban participando en un ejercicio (Shachtman, 2007), o en 2018 con un vehículo autónomo Tesla, que chocó contra la medianera causando la muerte de su ocupante (que aparentemente no había reaccionado a tiempo pese a los avisos del sistema) (Brown, 2019). De hecho, el entorno industrial todavía permite una cierta anticipación y control que es mucho más difícil en entornos naturales, urbanos o domésticos. Este hecho, unido al posible futuro despliegue de robots en diferentes ámbitos, con un colectivo humano mucho más extenso y variado con el que interactuar, multiplicará las ocasiones en las que se producirán contingencias más o menos desagradables y accidentes, aparte de los daños que se puedan ocasionar intencionadamente. Por estos motivos, hace falta un esfuerzo realista y de sentido común, pero a la vez imaginativo y anticipatorio al diseñar la normativa. Entendiendo que esta normativa nunca será definitiva y cerrada, sino lo contrario, tendrá que ser abierta, actualizable y adaptable a las innovaciones tecnológicas que vayan ampliando las capacidades físicas y cognitivas de los robots.

Los robots no autónomos o semiautónomos no toman decisiones que no estén directamente programadas. Por lo tanto, es evidente que la responsabilidad por un daño causado por sus acciones recae en uno o diversos actores humanos, y se puede aplicar la legislación correspondiente a cualquier producto manufacturado. Los diseñadores (sean científicos, ingenieros, o técnicos) tienen responsabilidad sobre diseños defectuosos, que no hayan contemplado la seguridad intrínseca del robot (por ejemplo, un brazo con aristas vivas), que es uno de los aspectos de la ética implícita de estas máquinas. Los fabricantes del *hardware*, por su parte, se tendrán que responsabilizar de los defectos de fabricación que pueden revertir en un mal funcionamiento del robot (por ejemplo, en una placa electrónica de control) o de cualquier desviación de las especificaciones de la normativa y/o del diseño original (para abaratar costes, pongamos por caso). El fabricante (entendiendo como tal a quien pone a la venta un producto completo, el dispositivo físico y su *software* de control) también se debe responsabilizar de avisar al usuario sobre los riesgos previsibles asociados al uso del robot, que tendrán que haber identificado previamente. Los programadores (nos referimos a los que hacen la programación de base del robot, la que lleva de fábrica) serán los responsables de los errores de programación y de posibles negligencias al proteger el *software* contra el pirateo informático. Finalmente, el usuario es el responsable del uso que hace del robot, sobre todo si le hace realizar tareas no previstas en las especificaciones del fabricante (o en entornos inapropiados), o lo modifica físicamente (y la modificación es la causa del daño resultante), o lo programa (o enseña) de forma que el daño que se produce se pueda atribuir a la programación del usuario. En este sentido, se podría pensar en un mecanismo de revisión periódica como con otros aparatos o máquinas potencialmente peligrosas, sean armas o vehículos, una clase de inspección técnica de robots. Puede ser una atenuante si el usuario ignoraba de forma razonable que el robot podía causar un daño en concreto, pero ya no lo será si se vuelve a producir en circunstancias similares. No siempre será fácil determinar cuál de estos (y otros) múltiples actores será el responsable humano del daño causado por un robot. De hecho, muchas veces será bastante complicado: un robot tiene muchos componentes manufacturados por diferentes fabricantes, y se puede dar la circunstancia de que dos componentes funcionen bien por separado, pero que haya interferencias entre los dos. A menudo también será difícil dilucidar si lo que ha funcionado mal es la programación de base o la del usuario.

En caso de litigio por daños ocasionados por un robot, el diseñador/fabricante siempre tendrá las espaldas cubiertas, al menos parcialmente, si ha sido cuidadoso en la observancia de la normativa. Más allá de seguir lo que es una práctica habitual en el sector, y sin llegar a la fuerza legal de las leyes, la normativa tiene suficiente consistencia como para tener un peso significativo en un litigio. A nivel internacional y en cuanto a la robótica, el comité técnico ISO/TC 299 se encarga de promover la estandarización en el campo de la robótica, excluyendo los juguetes y los robots militares. De sus 10 grupos de trabajo —más otro junto con la *International Electrotechnical Commission* (IEC) sobre la seguridad de los robots médicos—, hay algunos que se centran en definiciones y vocabulario, otros en criterios de ejecución, modularidad, etc., pero los más significativos en el contexto que estamos discutiendo son, sin duda, el de seguridad de los robots industriales, y el de seguridad de robots de servicios. ISO es la organización internacional de estándares que afectan a todos sus estados miembros, pero también hay organizaciones nacionales como el ANSI (*American National Standards Institute*), que junto con la RIA (*Robotic Industries Association*) han creado sus propias normativas de seguridad para robots industriales fijos y móviles. Otras, como la alemana DIN, se han adherido a las normas ISO, pero tienen especificaciones particulares para algunos tipos concretos de robot, como los robots cortacésped o para combatir incendios. En el caso español, la AENOR (*Asociación Española de Normalización y Certificación*) también ofrece normas UNE para el diseño y uso de robots, como la ya mencionada norma UNE-EN ISO 10218-1:2012 (Capítulo 5). Esta es la referencia obligada en cuanto a los requisitos que deben cumplir los robots industriales en el Estado: no solo describe los posibles riesgos asociados a la máquina, sino también las medidas de protección y de información adecuadas para reducirlos. La norma se ocupa del robot como máquina individual, pero también menciona otras normas internacionales que hacen referencia a la integración del robot en la celda de trabajo, es decir, que contemplan la seguridad integral del robot operando dentro de un sistema productivo. Todas estas normas se pueden adquirir en los catálogos online de las diferentes instituciones.

En todos estos casos, el procedimiento de litigio por posibles daños causados por un robot sería de tipo *civil*, mientras que si hay intencionalidad criminal (por ejemplo, por un *hacker* que ha tomado el control del robot) estaríamos hablando de responsabilidad *penal* por los daños producidos.

Dilucidar la responsabilidad (civil) en el caso de un robot autónomo es mucho más complejo, ya que puede tomar decisiones a través de un proceso que no siempre se puede seguir en todo su desarrollo (no es trazable), por ejemplo si los conocimientos en los que se basa la decisión han sido adquiridos por aprendizaje profundo. Aunque se puede llegar a reconocer una responsabilidad causal del robot (ninguno de los agentes humanos han incurrido en ningún tipo de temeridad o ignorado posibles riesgos dentro de lo que es razonable), no es autónomo en sentido legal (tiene un propietario) y, por lo tanto, tampoco puede ser responsable legal de sus actos. El caso tiene cierto parecido con el de los animales de compañía, donde el propietario es el responsable legal subsidiario. Si el propietario dota al robot de un arma (o le permite el acceso), entonces incurre en temeridad criminal, aunque el robot no hiera a nadie (Asaro, 2014). Posiblemente sea recomendable (o incluso necesario) que solo se pueda acceder a la propiedad de un robot mediante una licencia, para la que se deban cumplir ciertos requisitos (mayoría de edad, estabilidad mental, conocimientos suficientes, etc.). En cuanto a la responsabilidad penal, no es posible que en un plazo breve se tengan que contemplar a los robots autónomos como sus sujetos: a diferencia de la responsabilidad civil, la responsabilidad penal exige que haya intencionalidad en la comisión de los actos, lo que no es aplicable a robots que no tienen objetivos propios. Si nunca llegaran a tener voluntad y objetivos propios, tendríamos el problema de que la condena de un acto punible implica precisamente esto, un castigo. El castigo tiene tres funciones: retribución (pagar una deuda a la sociedad), reforma (cambiar el comportamiento de forma que no se vuelva a cometer el acto punible), y efecto disuasivo. Ninguna de estas funciones tiene sentido en una máquina, a no ser que le dotemos de la capacidad de *sufrir* el castigo. Admitiendo que esto fuera posible, ¿sería ético crear esta capacidad? Recordemos que, en el caso de los seres vivos, el sufrimiento físico va ligado al dolor y a otras sensaciones desagradables como calor o frío, hambre, sed, etc., que no dejan de ser mecanismos naturales de supervivencia. Los humanos y algunos otros animales pueden sufrir también mentalmente, por la privación de libertad, por ejemplo. Es cuestionable utilizar estos mecanismos en un robot, cuando se puede conseguir evitar la reincidencia simplemente cambiando su programación. En cualquier caso, tampoco podemos estar seguros sobre si es factible introducir la experiencia subjetiva del sufrimiento en una máquina (de nuevo, parece que va ligada a las formas más inaprensibles de la conciencia). Pero sí que se podría pensar en una visión funcional del sufrimiento, como lo contrario de la función de recompensa en el aprendizaje por refuerzo (Torras, 2016b).

La dimensión ética de los robots, sean autónomos o no, va más allá de dilucidar responsabilidades por daños físicos, económicos, o mentales causados por sus acciones. Construyendo sobre las conclusiones del proyecto europeo *RoboLaw* (*Regulating Emerging Robotic Technologies in Europe: Robotics facing Law and Ethic*s, 2012-14), el Parlamento Europeo presentó el 16 de febrero de 2017 una resolución con el título *Normas de Derecho civil sobre robótica* (referencia P8_TA (2017)0051), que pretendía justamente fijar la base para una futura legislación sobre los robots. Esta resolución hace énfasis en los principios éticos que la animan, y apunta que los riesgos derivados de esta tecnología no afectan únicamente a la seguridad humana, sino también a la salud, la libertad, la privacidad, la integridad, o la no discriminación. Es interesante señalar que adjunta una propuesta de código de conducta para ingenieros (de robots) y para comités de ética, así como modelos de licencia para diseñadores y para usuarios, es decir, se dirige tanto a los especialistas como al consumidor/usuario: todos están implicados. También hay propuestas concretas, como la existencia de un mecanismo como la caja negra de los aviones para registrar lecturas de sensores, procesos internos y acciones ejecutadas, la creación de una Agencia Europea para la Robótica y la IA, y la creación de un sistema de registro a nivel europeo. Otros países desarrollados, como Estados Unidos, Reino Unido, China, Rusia o Corea del Sur, también han planteado propuestas legislativas similares, o como mínimo cartas éticas o recomendaciones.

Y los robots, ¿tienen que tener derechos? Aunque parece prematuro plantearse esta cuestión, lo cierto es que ya están protegidos por las leyes: no se les puede dañar o sustraer. Evidentemente, el sujeto de estos derechos no es el propio robot, sino su propietario, amparado por el derecho a la propiedad. Así, el derecho a no ser dañados no protege al robot del capricho de su propietario, que puede decidir desmontarlo o destruirlo sin incurrir en ningún delito. La situación es diferente en el caso de los animales de compañía, defendidos por la ley de maltrato animal. Estos animales están protegidos en tanto que seres sintientes. La sintiencia es la capacidad subjetiva de experimentar sufrimiento y placer, de tener sentimientos. ¿Los robots, podrán alguna vez, sin tener que llegar necesariamente a un nivel de conciencia similar al humano, convertirse en seres sintientes? ¿La sintiencia es exclusiva de los seres vivos? ¿Queremos permitir que los robots sean seres sintientes, si es que es eso posible? Y si lo es, ¿lo podremos evitar? Ahora mismo, y por muy avanzados que estén los algoritmos de procesos cognitivos de los que pueden estar dotados, los robots están muy lejos de la sintiencia, por no hablar de la conciencia. Pero ya hay debate y controversia alrededor de estos temas. La profesora Joanna Bryson, de la Universidad de Bath, sostiene la opinión de que, aunque los robots lleguen a estar cualificados para tener derechos, no los tendrían que tener, "tendrían que ser esclavos", ya que, si no, ¿qué sentido tiene crearlos? Como hemos visto, la etimología de la palabra *robot* indica esta condición servil. David J. Gunkel, por lo contrario, argumenta en su libro *Robot Rights* que un retorno a una sociedad esclavista podría comprometer nuestro sentido de la ética. También señala el hecho de que las sociedades esclavistas del pasado tenían sistemas legales complejos que incluían algunos derechos de los propios esclavos. En cualquier caso, es bastante probable que los futuros legisladores, sociólogos, antropólogos y filósofos tengan que afrontar cuestiones que hoy, en el mejor de los casos, solo podemos imaginar.

Especulemos: distopías y utopías

Si las condiciones para la investigación tecnocientífica continúan siendo favorables, no hay duda de que el robot seguirá evolucionando, físicamente y en capacidades. En las próximas décadas, la apariencia de los robots no diferirá mucho de los robots actuales o de los robots popularizados por la ciencia ficción. En el abanico de apariencias posibles, es muy probable que los que apuestan por un aspecto lo más parecido posible a los humanos consigan superar finalmente el llamado valle inquietante (*uncanny valley*, según el profesor Masahiro Mori, al llegar a un cierto grado de antropomorfismo, la aceptación del robot cae en picado, generando más bien rechazo), construyendo robots que serán difíciles de identificar como tales en ciertas circunstancias, si es que la legislación lo permite.

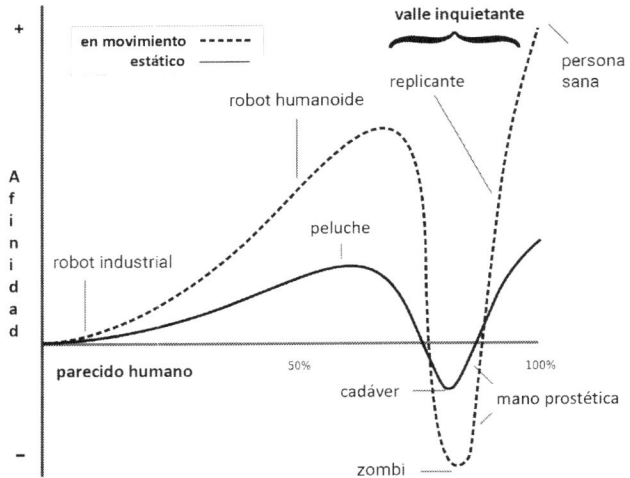

Figura 33. Gráfico que ilustra la teoría del valle inquietante.

También es de suponer que habrá los clásicos *hombres de hojalata* para los nostálgicos o los entusiastas de la estética *vintage*, pero con una funcionalidad más avanzada. En la misma línea, habrá muchas recreaciones de los robots popularizados por el cómic y el cine. Se verán animales robóticos, y por descontado también seres mitológicos. Siguiendo la tendencia actual, sin duda proliferarán los robots humanoides de poca altura, de aspecto inofensivo y simpático, como asistentes personales y domésticos. Las grandes marcas del momento irán sacando nuevos modelos para el gran público, igual que sucede actualmente con los fabricantes de vehículos, y la apariencia será tan importante como las prestaciones. Pero a diferencia de los automóviles, donde los criterios de función (transporte de personas, con comodidad), seguridad viaria y eficiencia imponen ciertas restricciones en las formas de los vehículos comercializados, la gama de funciones de los robots es mucho más amplia y, por lo tanto, también su morfología. Más allá de las estéticas que las tribus urbanas del momento recrearán sobre sus robots, y pese a que la legislación entonces vigente sea mucho más restrictiva, es de esperar que nuestras ciudades estén pobladas por todo un ecosistema de artefactos y máquinas robóticas de lo más coloridos y multiformes: pequeños vehículos autónomos individuales y también grandes y colectivos, brazos, pero también tentáculos, bípedos y arácnidos ágiles sobre patas esbeltas, grupos de diminutos drones vibrantes y rebaños de robots caminantes, robots zen minimalistas y humanoides barrocos resplandecientes, formas que buscarán sus referentes en el imaginario humano de tradición secular, y también formas nuevas, sorprendentes, diseñadas con la ayuda de la IA.

Es imposible predecir qué pasará en un horizonte temporal más lejano, si es que la humanidad todavía existe. Es necesario un ejercicio de imaginación para plantear posibles escenarios futuros, cosa que con mejor o peor fortuna lleva años haciendo el género literario y el cine de la ciencia ficción (Torras, 2020). Repasemos algunos de estos escenarios:

- *Ausencia de robots.* Un futuro donde sencillamente no hay máquinas inteligentes, pese a haber logrado otros hitos tecnológicos tan avanzados como los viajes interestelares. En el ciclo de *Dune*, de Frank Herbert, por ejemplo, ni siquiera hay ordenadores con IA. Esto se explica en las precuelas *The Butlerian Jihad* y otras de Brian Herbert (hijo de Frank) y Kevin J. Anderson, donde la humanidad se rebela contra las máquinas pensantes que han estado oprimiendo a los humanos durante un milenio. Después de la victoria, la IA se aniquila totalmente, y se prohíbe bajo pena de muerte. Pero también en una serie reciente como *The Expanse* (Amazon Prime) los robots no aparecen, lo que justifica la existencia de los parias *belters*, mineros que viven en el cinturón de asteroides y trabajan en condiciones penosas.

- *Exterminio*. Tal vez en el escenario más popular de la ciencia ficción heroica, los robots han exterminado prácticamente a todos los humanos, excepto pequeños focos resistentes. Es el escenario del tenebroso futuro de las películas *Terminator* o de la serie *Galáctica, estrella de combate*.
- *Coexistencia pacífica, con (pre)dominio de los humanos*. El escenario ideal de los robots como compañeros complacientes y muy útiles para los humanos no está exento de partes más oscuras o peligros más sutiles, como se muestra en *La mutación sentimental*, de Carme Torras, o en la serie *Humanos*. Es uno de los escenarios más probables, y la buena ciencia ficción nos puede alertar de los efectos indeseados de estas sociedades.
- *Coexistencia pacífica, en un mundo dominado por la IA*. Hay dos (sub)escenarios: la existencia de los humanos se tolera y dentro de nuestras reservas podemos seguir la vida que queramos, mientras las cosas importantes (distribución mundial de recursos, progreso científico, exploración espacial, etc.) están en manos de la IA, o el objetivo principal de la IA sigue siendo el bienestar de los humanos, y para nuestra seguridad nos han convertido en una especie pasiva y ociosa. El ejemplo por excelencia es el de la película *WALL·E*, y delata un riesgo real de pérdida de capacidades (por atrofia) y abdicación de responsabilidades.

- *Fusión.* Los humanos nos acabamos fusionando con nuestras creaciones robóticas, a través de prótesis, la nanotecnología, y mejoras genéticas, para dar lugar a una nueva especie híbrida. La versión oscura de una civilización de cíborgs está representada en los *borg* de la serie *Star Trek*, donde se ha sacrificado la individualidad por la consciencia colectiva del enjambre. En cambio, el personaje de Aenea en la tetralogía *Los cantos de Hyperion* de Dan Simmons es un ejemplo positivo y mesiánico (en el buen sentido) de un ser híbrido.

Ninguno de estos escenarios es totalmente descartable, aunque algunos son más probables que otros, e incluso es posible que a lo largo de la futura evolución de los humanos atravesemos varios de los escenarios expuestos. El último de ellos se contempla por los pensadores y proponentes del *transhumanismo* como parte de la evolución necesaria y deseable de la humanidad, y como la vía para conjurar el peligro inherente en una IA superinteligente con objetivos propios que no necesariamente están alineados con los de los humanos.

El robot es la máquina antropomorfa por excelencia, sea en apariencia y/o en capacidades. No lo es por casualidad: si nos tenía que liberar de tantos trabajos que estamos condenados a realizar, es natural que se nos asemeje para hacerlos correctamente, o como mínimo, a nuestra manera.

Pero junto con la IA está convirtiéndose en algo más: una herramienta para indagar, para cuestionar, para experimentar qué significa realmente ser humano. A diferencia de tiempos pasados, la noción de progreso está muy arraigada a la cosmovisión de la civilización actual. Esta noción de progreso se hace extensiva a la evolución de nuestra propia especie, y el robot inteligente se convierte en la figura paradigmática sobre la que cuestionarse si esta evolución admite saltos cualitativos que pese a todo conserven nuestra esencia, el legado de los humanos, o si estamos hablando de una nueva especie.

Lecturas recomendadas

Una parte importante del material del Capítulo 3 ha sido extraída del blog de Reuben Hogget *Cyberneticzoo.com*, sobre todo lo referente a las primeras patentes de robots industriales, así como de humanoides prerrobóticos. Este blog tiene entradas desde septiembre de 2009 hasta febrero de 2016. Disponible en: https://cyberneticzoo.com/ [Consultado entre agosto y septiembre de 2023].

Las referencias bibliográficas específicas se listan a continuación:

A3, Association for Advancing Automation, Automate.org (2023). A tribute to Joseph Engelberger. UNIMATE-The first industrial robot. Disponible en: https://www.automate.org/a3-content/joseph-engelberger-unimate [Consultado 7-09-2023].

Arkin, R. (2009). *Governing Lethal Behavior in Autonomous Robots*. Boca Raton, FL: Chapman and Hall/CRC Press.

Asaro, P.M. (2014). "A Body to Kick, but Still No Soul to Damn: Legal Perspectives on Robotics". En: Abney, K., Lin, P., y Bekey, G. A. (Coord.). *Robot Ethics: The Ethical and Social Implications of Robotics*. Cambridge (MA): MIT Press, pp. 169-186.

Awad, E., Dsouza, S., Kim, R., Schulz, J., Henrich, J., Shariff, A., Bonnefon, J.-F., Rahwan, I. (2018). "The Moral Machine experiment". *Nature*, 563, pp. 59-64. DOI: https://doi.org/10.1038/s41586-018-0637-6

Bernier, C. (2023). *The automated future of the mining industry.* 24-4-2023. Disponible en: https://howtorobot.com/expert-insight/mining-robots [Consultado 23-10-2023].

Borenstein, J. Howard, y A. Wagner, A.R. (2017). "Pediatric Robotics and Ethics", *Robot Ethics 2.0. From Autonomous Cars to Artificial Intelligence*. En: Abney, K., Lin, P., y Bekey, G. A.(Coord.). New York (NY): Oxford University Press, pp. 127-141.

Brown, J. (2019). "Tesla Autopilot Malfunction Caused Crash That Killed Apple Engineer, Lawsuit Alleges". *Gizmodo,* 1-5-2019. Disponible en: https://gizmodo.com/tesla-autopilot-malfunction-caused-crash-that-killed-ap-1834453661 [Consultado 2-10-2023].

Burton, E., Goldsmith, J., y Mattei N. (2018). "How to teach computer ethics through science fiction". *Communications of the ACM*, 61(8), pp. 54-64. DOI: https://dl.acm.org/doi/pdf/10.1145/3154485

Calo, R.(2014). "Robots and Privacy". En: Abney, K., Lin, P., Bekey, G. A. (Coord.). *Robot Ethics. The Ethical and Social Implications of Robotics.* Cambridge (MA): MIT Press, pp. 187-201.

Cargill. (2018). *Meet the robot that's making cattle herding safer,* 18-10-2018. Disponible en: https://www.cargill.com/story/meet-the-cowboy-robot-thats-making-cattle-herding-safer [Consultado 15-10-2023].

Carnegie Mellon University, Pittsburgh (PE) (2006). *Robot Hall of Fame, 2006 inductees. SCARA.* Disponible en: http://www.roboticalloffame.org/inductees/06inductees/scara.html [Consultado 14-09-2023].

Carper, S. (2019). "Telelux and Rastus: Westinghouse's forgotten robots". *Black Gate.* [Blog]. 22 de mayo. Disponible en: https://www.blackgate.com/2019/05/22/telelux-and-rastus-westinghouses-forgotten-robots/ [Consultado 15-07-2023].

Chakravorty, A. (2019). "Underground Robots: How Robotics Is Changing the Mining Industry". *EOS, Earth and*
Space Science News, 13 de mayo. Disponible en: https://eos.org/features/underground-robots-how-robotics-is-changing-the-mining-industry [Consultado 23-10-2023].

Chandrayaan. (2023). *Pragyan rover*. Disponible en: https://www.chandrayaan.com/chandrayaan-2/chandrayaan-2-design/chandrayaan-2-pragyan-rover.html [Consultado 12-09-2023].

Ersen, M., Oztop y E., Sariel S. (2017). Cognition-enabled robot manipulation in human environments: requirements, recent work, and open problems. *IEEE Robotics & Automation Magazine*, 24(3), pp. 108-122. DOI: https://doi.org/10.1109/MRA.2016.2616538

Ferraté, G., Amat, J., Ayza, J., Basañez, L., Ferrer, F., Huber, R. y Torras C. (1986). *Robótica industrial*. Barcelona: Marcombo.

Foguet y Boreu, F. (2003). "RUR, de Karel Čapek. Recepció a l'escena catalana". *Llengua & literatura*, 14, pp. 283-323. URL: https://raco.cat/index.php/LlenguaLiteratura/article/view/151261

Foot, P. (1978). *The Problem of Abortion and the Doctrine of the Double Effect in Virtues and Vices*. Oxford: Basil Blackwell.

Frey, C.B. y Osborne, M.A. (2013) "The future of employment: how susceptible are jobs to computerization?". *Oxford Martin Programme on the Future of Work, University of Oxford*, 1 de septiembre. Disponible en: https://www.oxfordmartin.ox.ac.uk/downloads/academic/The_Future_of_Employment.

pdf [Consultado 25-9-2023].

García Chinchilla, S. Martínez García, J. V. y Pozanco Pérez, J. M. (2011). *Robótica general.* Centre de Formació, SEAT, actualizado en 2011. Disponible en: https://www.infoplc.net/files/documentacion/robotica/infoplc_net_RoboticaGeneral_.pdf [Consultado 20-07-2023].

Gasparetto, A. y Scalera, L. (2019). "From the Unimate to the Delta robot: the early decades of Industrial Robotics", *Explorations in the History and Heritage of Machines and Mechanisms. Proceedings of the 2018 HMM IFToMM Symposium on History of Machines and Mechanisms.* Beijing, 26-28 septiembre 2018. Cham: Springer, pp. 284–295. Disponible en: https://doi.org/10.1007/978-3-030-03538-9_23

Gasperi, M. (2023). *Grey Walter's Machina Speculatrix.* Disponible en: https://sites.google.com/view/machinaspeculatrix/home [Consultado 25-07-2023].

Gendron, J. (2019). "How Mining Robots are Replacing Humans and Saving Lives". *RobotShop Community.* [Blog]. 10 de julio. Disponible en: https://www.robotshop.com/community/blog/show/how-mining-robots-are-replacing-humans-and-saving-lives [Consultado 23-10-2023].

Handel, M.J. (2022) "Growth trends for selected occupations considered at risk from automation". *Monthly Labor Review, U.S. Bureau of Labor Statistics,* julio. Disponible en: https://doi.org/10.21916/mlr.2022.21 [Consultado 25-9-2023].

IEEE Standards Association (2019). "Ethically Aligned Design: A Vision for Prioritizing Human Well-being with Autonomous and Intelligent Systems". Disponible en: https://standards.ieee.org/wp-content/uploads/import/documents/other/ead_v2.pdf [Consultado 3-05-2024]

International Federation of Robotics, IFR (1998). "World Industrial Robots 1997: IFR statistics 1986-1996 and forecast to 2000". *Industrial Robot* 25 (1). Disponible en: https://doi.org/10.1108/ir.1998.04925aab.001 [Consultado 2-9-2023].

Jiménez de la Fuente, F. (2019). "Me casé con un holograma: es difícil de entender, pero debería ser respetado". *BBC Mundo*, 28 de mayo. Disponible en: https://www.bbc.com/mundo/noticias-internacional-48229491 [Consultado 5-11-2023].

Jiménez, P. y Torras, C. (2020). "Perception of cloth in assistive robotic manipulation tasks". *Natural Computing*, 19(2), pp. 409-431. DOI: https://doi.org/10.1007/s11047-020-09784-5

Jones, K. (2022) "Robots are coming to the construction site", *Constructconnect*. [Blog]. 14 de junio. Disponible en: https://www.constructconnect. com/blog/construction-robotics [Consultado 25-10-2023].

Levy, D. (2014). "The Ethics of Robot Prostitutes", En: Abney, K., Lin, P., y Bekey, G. A. (Coord.). *Robot Ethics. The Ethical and Social Implications of Robotics.* Cambridge (MA): MIT Press, pp. 223-231.

Li, X., Huang, H., Savkin, A.V. y Zhang, J. (2022). "Robotic Herding of Farm Animals Using a Network of Barking Aerial Drones" *Drones* 6(2), pp. 29. DOI: https://doi.org/10.3390/drones6020029 [Consultado 16-10-2023].

Lokhorst, g.-J. y Van den Hoven, J. (2014). "Responsibility for Military Robots", En: Abney, K., Lin, P., y Bekey, G. A. (Coord.). *Robot Ethics. The Ethical and Social Implications of Robotics*. Cambridge (MA): MIT Press, pp. 145-156.

López de Mántaras, R. (2023). *100 coses que cal saber sobre intel·ligència artificial*. Cossetània Edicions.

Makino, H. (2014). "Development of the SCARA". *Journal of Robotics and Mechatronics*, 26 (1), pp. 5-8. DOI: https://doi.org/10.20965/jrm.2014.p0005

McMorris, B. (2023). "A Timeline History of Robotics". *Futura Automation* [Blog]. 15 de mayo de 2019, actualizado en 2023. Disponible en: https://futura-automation.com/2019/05/15/a-history-timeline-of-industrial-robotics/ [Consultado 25-7-2023].

Millar, J. (2014). "An ethical dilemma: When robot cars must kill, who should pick the victim?". *Robohub* 11 de junio. Disponible en: https://robohub.org/an-ethical-dilemma-when-robot-cars-must-kill-who-should-pick-the-victim/ [Consultado 26-10-2023].

Northeastern University, College of Engineering. (2018). "Robots could help local fisheries", N*ews & Events*, 12 julio. Disponible en: https://coe.northeastern.edu/news/robots-could-help-local-fisheries/ [Consultado 16-10-2023].

Nutt, D. (2022) "3D-printing robot enables sustainable construction". *Cornell Chronicle*, 12 de mayo. Disponible en: https://news.cornell.edu/stories/2022/05/3d-printing-robot-enables-sustainable-construction [Consultado 21-10-2023].

Open Roboethics Initiative (2014). "My (autonomous) car, my safety: Results from our reader poll". *Robohub*, 30 de junio. Disponible en: https://robohub.org/my-autonomous-car-my-safety-results-from-our-reader-poll/ [Consultado 6-10-2023].

Oxford Economics (2019). "Report – How Robots Change the World". *Oxford Economics*, 26 de junio. Disponible en: http://resources.oxfordeconomics.com/how-robots-change-the-world [Consultado 29-9-2023].

Pareto, J., Román, B. y Torras, C. (2021). "The ethical issues of social assistive robotics: a critical literature review". *Technology in Society*, 67, 101726. DOI: https://doi.org/10.1016/j.techsoc.2021.101726

Postscapes. (2019). "Agriculture robots". *Postscapes*, 11 de julio. Disponible en: http://www.postscapes.com/agriculture-robots/ [Consultado 15-10-2023].

Projecte CLOTHILDE (2018-2023). "CLOTH manIpulation Learning from DEmonstrations", ERC Advanced Grant. https://clothilde.iri.upc.edu/ [Consultado 3-05-2024]

Ravichandar, H., Polydoros, A.S., Chernova, S. y Billard A. (2020). "Recent advances in robot learning from demonstration". *Annual Review of Control, Robotics, and Autonomous Systems*, 3, pp. 297-330. DOI: https://doi.org/10.1146/annurev-control-100819-063206

Reeves, N. (2015). "A rare mechanical figure from Ancient Egypt", *Metropolitan Museum Journal*, 50, pp. 43-61. DOI: https://doi.org/10.1086/685672

Riek, L.D. (2017). Healthcare Robotics. *Communications of the ACM*, 60(11), pp. 68-78. DOI: https://dl.acm.org/doi/pdf/10.1145/3127874

Robotenomics (2015). "Study-Robots are not taking jobs", *RobotEnomics. (A)n (I)ntelligent Future.* [Blog]. 16 de septiembre. Disponible en: https://robotonomics.wordpress.com/2015/09/16/study-robots-are-not-taking-jobs/ [Consultado 5-10-2023].

Román Maestre, B. (2016). *Ética de los Servicios Sociales.* Madrid: Herder.

Sáiz Lorca, D. (2002). "R.U.R. de Capek: casi un siglo de robots", Eslavística Complutense, 2, pp. 211-218. https://dialnet.unirioja.es/servlet/articulo?codigo=2039455

Scribd Inc. (2025), Robot: Defined by Robotics Industry Association (RIA) As. https://www.scribd.com/document/886579348/L01-P02 [Consultado 23-10-2025].

Shachtman, N. (2007). "Robot cannon kills 9, wounds 14". *Wired*, 18 de octubre. Disponible en: https://www.wired.com/2007/10/robot-cannon-ki/ [Consultado 20-10-2023].

Sharkey, N. (2014). "Killing Made Easy", En: Abney, K., Lin, P., y Bekey, G. A. (Coord.). *Robot Ethics. The Ethical and Social Implications of Robotics.* Cambridge (MA):The MIT Press pp. 111-128.

Stahl, L. (2021). "Robots come to the rescue after Fukushima Daiichi nuclear disaster". *CBS News*, 11 de julio. Disponible en: https://www.cbsnews.com/news/robots-fukushima-daiichi-nuclear-disaster-60-minutes-2021-07-11/
[Consultado 2-10-2023].

Thomas, G.W. (2018). "Weird tales & robot science fiction". *Darkworldsquarterly* [Blog] 11 de junio. Disponible en: https://darkworldsquarterly.gwthomas.org/weird-tales-robot-science-fiction/
[Consultado 16-08-2023].

Thomas, G.W. (2023). "The monsters of Jack Williamson's 'The Moon Era'", *Darkworldsquarterly.* [Blog]. 2 de febrero. Disponible en: https://darkworldsquarterly.gwthomas.org/the-monsters-of-jack-williamsons-the-moon-era/ [Consultado 17-08-2023].

Torras, C. (2008). *La mutació sentimental.* Pagès Editors. (Guia didáctica para formación en tecnoética: https://www.pageseditors.cat/ca/guia-didactica-la-mutacio-sentimental.html. Versión inglesa de la novela y materiales para un curso universitario de ética de la IA y la robótica social: *The Vestigial Heart: A Novel of the Robot Age*. MIT Press, 2018. https://www.iri.upc.edu/people/torras/vestigial.html)

Torras, C. (2016a). "Service robots for citizens of the future". *European Review*, 24(1), pp. 17-30. DOI: https://doi.org/10.1017/S1062798715000393

Torras, C. (2016b). "Robot pain: A speculative review of its functions". En: Garcia-Larrea, L., y Jackson, P.L. (Coord.). *Pain and the Conscious Brain*. Riverwoods: Wolters Kluwer, pp. 235-246.

Torras, C. (2020). "Ciència-ficció: Un mirall per al futur de la humanitat". *Revista IDEES*, 48, pp. 1-11. Disponible en: https://revistaidees.cat/la-ciencia-ficcio-i-el-debat-entre-etica-i-intelligencia-artificial/ [Consultado 3-05-2024].

Torras, C. (2023a). "Robòtica assistencial: una aposta per l'envelliment saludable i sostenible". *Bioètica: una mirada cap al futur*, pp. 216-225. Fundació Víctor Grífols i Lucas. Disponible en: https://www.fundaciogrifols.org/documents/4438882/5729338/25+ANYS+FVGL_CAT_.pdf/d15be89b-d756-7094-b7c9-9461fae0fed9?t=1698057765487 [Consultado 3-05-2024]

Torras, C. (2023b). "Desplegament ètic de la robòtica assistencial per a un envelliment saludable i sostenible". *La medicina al segle xxi, avenços i límits*, pp. 35-44. Universitat d'Estiu i Tardor d'Andorra, Govern d'Andorra. Disponible en: https://www.universitatestiutardor.ad/images/stories/2023/UNIV_ESTIU_TARDOR_AND_2023_PUBLICACI%C3%93.pdf [Consultado 3-05-2024].

Torras, C. (2024). "Ethics of social robotics: Individual and societal concerns and opportunities". *Annual Review of Control, Robotics, and Autonomous Systems*, 7. DOI: https://doi.org/10.1146/annurev-control-062023-082238

Trevilcock, B. (2010) "Let's remember Mac Barrett, father of the AGV". *Modern Materials Handling*. [Blog]. 23 de agosto. Disponible en: https://www.mmh.com/article/lets_remember_mac_barrett_father_of_the_agv, [Consultado 29-8-2023].

UNE-EN ISO 10218-1:2012 Robots y dispositivos robóticos. Requisitos de seguridad para robots industriales. Parte 1: Robots (https://tienda.aenor.com/norma-une-en-iso-10218-1-2012-n0049289).

UNE-EN ISO 13482:2014 Robots y dispositivos robóticos. Requisitos de seguridad para robots no industriales. Robots de asistencia personal no médicos (https://tienda.aenor.com/norma-une-en-iso-13482-2014-n0053216).

UNE-EN IEC 80601-2-77:2021/A1:2023 Equipos electromédicos. Parte 2-77: Requisitos particulares para la seguridad básica y funcionamiento esencial de los equipos quirúrgicos asistidos robóticamente (https://tienda.aenor.com/norma-une-en-iec-80601-2-77-2021-a1-2023-n0072363)

United Nations Economic Comission for Europe, UNECE (2000). *Press Release ECE/STAT/00/10 Geneva, 17 October 2000, "The Boom in Robot Investment Continues – 900,000 Industrial Robots by 2003. UN/ECE issues its 2000 World Robotics survey"* Disponible en: https://unece.org/fileadmin/DAM/press/pr2000/00stat10e.htm [Consultado 5-09-2023].

Wallach, W. y Allen, C. (2009). *Moral Machines. Teaching Robots Right from Wrong.* New York: Oxford University Press.

Winfield, A. (2018). "A roundup of robotics and AI ethics: part 1 principles". *Robohub,* 8 de enero. Disponible en: https://robohub.org/a-round-up-of-robotics-and-ai-ethics-part-1-principles/ [Consultado 21-10-2023].

Títulos de la colección *Una Inmersión Rápida*: